U0299113

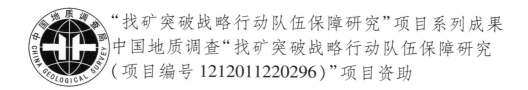
"找矿突破战略行动队伍保障研究"项目系列成果
中国地质调查"找矿突破战略行动队伍保障研究
（项目编号 1212011220296）"项目资助

全面深化改革与地质调查工作发展

——地球科学与文化研讨会文集（2014）

中国地质图书馆　编

地质出版社

·北京·

内 容 提 要

本文集是中国地质图书馆承担的"找矿突破战略行动队伍保障研究"项目成果之一，收录了2014年地球科学与文化研讨会论文共32篇，包括地质工作改革与发展、践行社会主义核心价值观、地勘单位思想文化建设三个方面的研究内容。

本书可供地质科学史、地球科学文化的专家及其他行业的文化工作者阅读参考。

图书在版编目（CIP）数据

全面深化改革与地质调查工作发展：地球科学与文化研讨会文集：2014／中国地质图书馆编. — 北京：地质出版社，2015.2

ISBN 978 - 7 - 116 - 09170 - 2

Ⅰ. ①全… Ⅱ. ①中… Ⅲ. ①地球科学—文集 Ⅳ. ①P - 53

中国版本图书馆 CIP 数据核字（2015）第 040316 号

Quanmian Shenhua Gaige yu Dizhidiaocha Gongzuo Fazhan

责任编辑：	祁向雷　苗永胜
责任校对：	张　冬
出版发行：	地质出版社
社址邮编：	北京海淀区学院路 31 号，100083
咨询电话：	（010）66554643（邮购部）；（010）66554692（编辑室）
网　址：	http：//www. gph. com. cn
传　真：	（010）66554686
印　刷：	北京地大天成印务有限公司
开　本：	787 mm × 1092 mm　$\frac{1}{16}$
印　张：	10. 5
字　数：	260 千字
版　次：	2015 年 2 月北京第 1 版
印　次：	2015 年 2 月北京第 1 次印刷
定　价：	36. 00 元
书　号：	ISBN 978 - 7 - 116 - 09170 - 2

（如对本书有建议或意见，敬请致电本社；如本书有印装问题，本社负责调换）

全面深化改革与地质调查工作发展
——地球科学与文化研讨会文集（2014）

编 委 会

主　任　余浩科　单昌昊

副主任　杨家才　薛山顺

编　委　（按姓氏笔画排列）

王　昭　史　静　李　帮　梁　忠　黄　磊

楼红英

主　编　单昌昊

副主编　梁　忠　史　静

编　辑　堵海燕　徐红燕　崔熙琳　焦　奇　胡　勇

安丽芝　刘　澜　徐梦华　王　鑫　章　茵

李玉馨

编 辑 说 明

　　为深入贯彻党的十八届三中全会及2014年全国地质调查工作会议精神，全面深化改革，找准工作定位，助推找矿突破，"全面深化改革与地质调查工作发展——2014年地球科学与文化研讨会"，于2014年10月24日在北京召开，国土资源部相关司局、中国地质调查局相关部门、部分直属单位、部分省地勘局及地调院、高校院所等58个单位的领导、专家和代表共80余人出席大会。此次会议由中国地质图书馆和中国地质学会21世纪中国地质研究分会共同举办。会议围绕"全面深化改革与地质调查工作发展"这一主题进行了深入交流和探讨。在地质工作面临重大转折、履行新使命的重要时期，必须加强思想文化建设，培育和践行社会主义核心价值观，传承和弘扬"三光荣"、"四特别"精神，发挥地质文化力量，推动地质工作全面深化改革和地质事业发展。

　　会议共收到42篇论文，经研究筛选其中32篇入选《全面深化改革与地质调查工作发展——地球科学与文化研讨会论文集（2014）》本文集共分为三篇。

　　第一篇为地质工作改革与发展，共14篇。主要内容包括我国地勘业全面深化改革、地质工作战略思考、生态文明理念融入地质工作等，论文从不同角度分析了地勘行业在持续推进管理体制和机制改革中取得的成绩和经验，剖析了许多深层次问题和存在困难，对于深化地勘单位改革与发展具有指导意义。

　　第二篇为践行社会主义核心价值观，共9篇。主要内容包括践行社会主义核心价值观、弘扬新时期地质行业精神、发扬地质行业优良传统等，论文分析了社会主义核心价值观的内涵和特征，阐明了培育和践行社会主义核心价值观意义，对地质行业如何推进社会主义核心价值体系建设进行了深入探究。

　　第三篇为地勘单位思想文化建设，共9篇。主要内容包括地质调查队伍思想动态、地勘单位思想文化建设等，论文阐述了思想文化对于地勘队伍建设的重要作用，提出了改进和加强思想政治工作的有效措施，对于推进地质找矿队伍建设具有借鉴和参考价值。

　　本文集的编辑和出版，凝聚了许多同志的辛勤劳动。史静、梁忠、堵海燕、徐红燕、安丽芝、胡勇、崔熙琳、刘澜、王鑫、章茵、焦奇、徐梦华、李玉馨等同志参加了论文的初审；史静、梁忠、堵海燕同志负责论文的编辑工作；余浩科、单昌昊、杨家才、薛山顺负责文集的审定工作。因篇幅所限，有些文章未能选登，有些文章在不影响原意的基础上，进行了删节，敬请作者谅解。

本文集的编辑出版，得到了中国地质调查局领导的关心与支持，得到了全国地质行业兄弟单位的大力协助，得到了论文投稿者的积极参与，在此表示衷心感谢！

中国地质图书馆
2014 年 10 月

目　　录

一　　地质工作改革与发展

二　　践行社会主义核心价值观

三 地勘单位思想文化建设

一

地质工作改革与发展

我国地勘业全面深化改革之梦

夏宪民

（国家发改委宏观经济研究院　北京　100080）

摘　要　我国地勘业全面深化改革，需要在国家顶层设计和总体规划的指导下，制定行业性改革设计和规划。深化改革的重点是使市场在资源配置中起决定性作用和更好发挥政府作用，各自作用的范畴和力度不同。地勘业已有丰富的改革实践经验，认真总结就能指导改革决策。抓紧落实扶持改革政策，争取更多的改革红利。

关键词　行业性改革设计　市场资源配置　改革政策

1　汇聚改革之梦

十八大以来，在"中国梦"的浓烈氛围中，人人都有"梦"，每个单位都做"梦"。由于自身条件不同，所处外部环境不同，特别是各自思考问题的角度不同，所做的梦（规划、设想）不尽相同，有的甚至大相径庭。从多年调查访问中了解，地勘单位的技术人员希望改革提供更好的业务技术工作条件，渴望出成果、能成才；项目负责人希望参加成员精干，轻装上阵，不愿背一堆出不了力的员工；离退休职工希望共享改革成果，同城待遇公平；待岗职工虽然没有工作，也希望改善生活；队长忙于找项目、找经费，养活队伍，对事业单位分类希望进公益一类、保公益二类；地勘局长则在省（区、市）有关方面跑关系、求政府、争市场，稳定队伍，希望事业单位分类中局机关"参公"。同样，中国地质调查局、中国地质科学院和国土资源部各司局也都有自己关心的地勘业务，而国务院批准的《全国矿产资源规划》和《全国地质勘查工作规划》则缺乏体制机制保障，部门或地方可以不执行。例如：2012 年 8 部委办局调查提交的《地勘单位存在的困难与面临的问题》指出，国务院支持地勘队伍改革的各项政策，各地落实情况最好的达到 85%，最差的只有 32%；国务院批准的《找矿突破战略行动纲要（2011－2020 年）》和四部委制定的"358"目标，财政部就可以单方面进行重大改变，没有制约。近些年来，地勘资金比较充裕，完成勘查工作量较多，但取得的勘查成果并不相称，特别是勘查工作质量令人忧虑。这种各做各的梦的状态，充分说明地勘业十分需要全面深化改革，而首当其冲的是要在中央顶层设计的指导下，制定地勘行业的改革设计，协调各方利益和合理诉求，好梦要圆，噩梦要醒。

2 深化改革需要制定行业设计

有意见说，大部分地勘队伍已经属地化或划给了中央企业，不应该也不需要制定行业改革设计去干涉别人的主权。实际上，国土资源部具有地勘行业的管理职责，各地政府和地勘单位也很希望有行业性的改革设计指导，以便于结合各自的具体情况相互适应，避免在体制机制上相互顶牛。地勘队伍经过十多年的改革实践，经验丰富，总结这些经验，完全可以制定出因地制宜、不"一刀切"的改革设计，提出可行的规划设想，推进改革的深化。更好发挥政府作用并非指令和垄断，市场起决定性作用过程中也要防止散、小和过度竞争，在地勘业深化改革中地勘单位不宜各行其是。

3 全面深化改革必须贯彻使市场在资源配置中起决定性作用的精神，这是全局，是大趋势

以为地勘工作的探索性、基础性强而难于进入市场，希望统统回归公益性质，这是不合时代潮流的。实践已经证明大部分地勘业务可以通过市场运作，争取社会资金，取得更好的效果。为了给地勘单位深化改革留有逐步适应的余地，近期内按照国家《找矿突破战略行动纲要》任务的需要，中央和地方可以先多保留些公益性质的地勘队伍，因事设人。改革没有终点，到2020年后，公益性地勘队伍将根据国家公益性地勘任务的需求变化，必然要作相应调整，但主要业务人员应相对稳定。中央地质调查队伍与省级地质调查队伍在业务上需要建立领导关系，便于全国统一安排基础性地质调查工作。各省级地质调查院以综合性地质调查为主，中国地质科学院所属各研究所，仍以全国或大区域综合性地质调查的应用研究和基础研究为主，注意学科建设和人才培养。有明确具体目标的矿产勘查、水文地质和工程地质勘查、环境地质和地质灾害勘察和防治等业务，都可以在政府支持和监管下建立各类地勘市场主体，让市场在资源配置中起决定性作用。现实生活中，这类地勘企业已经普遍存在，只需名正言顺地加以规范。同时，提倡体制创新，吸收职工和社会资金入股，并在自愿互利的基础上联合重组，进一步把企业做大做强。国有股份逐步从中小企业中退出，国家主要控制少数大型企业。地勘业要进一步挖掘改革的红利，而不应该放弃已经取得的改革红利。

4 全面深化改革要给足政策

多年来的改革实践说明，政策不兑现，改革难推进。主要解决三方面的问题：第一，地勘单位的历史遗留问题。基地建设和住房补贴欠账、社会保障统筹和离退休人员管理等问题，地勘单位自己很难解决。国有地勘单位都是中央部门建立的，历史欠账的资金缺口应主要靠中央财政解决。离退休人员则应从地勘单位划出，参加国家或地方统一的改革程序。第二，基础性地质调查属于公益性的常态业务，要按调查规划

有相对固定的中央和省级财政经费支持，不宜大起大落。同时，要建立对创新成果的奖励政策，以稳定技术骨干。第三，对改制企业化的地勘单位初期要享受改革的优惠政策，要在5年内给探矿权，补贴风险勘查基金，矿业权转让收益作为国有资本金入股，5年内减免所得税和增值税，帮助企业发展壮大。同时，加强政府主管部门和社会组织的监管，让企业在正当的市场竞争环境中，优胜劣汰，进而为保障国家资源需求和增加财政税收多作贡献。

解决"你有政策，我有对策"，要靠多方面监督。主管部门、监察部门、审计部门和广大职工群众都有监督权。起码，国务院决策批准的事，应该执行，无权随意更改吧！

结束语：我国地勘项目的市场化程度已较高，但对现状大家都不甚满意，希望进一步理顺体制机制。是否可以这样说：地勘业要跟上振兴中华的"中国梦"，现在尤其需要更好发挥政府主管部门的作用，做好地勘行业顶层设计，大力推进全面深化改革。

顺应事业改革新形势　打造地勘发展新载体

李兴国

（河南省地质矿产勘查开发局　郑州　450012）

本次 2014 年地球科学与文化研讨会确立的"全面深化改革与地质调查工作发展"会议主题，符合党的十八届三中全会关于全面深化改革的总体部署，顺应了地质调查工作和地质工作体系深度调整的新形势，具有十分积极的意义。借此机会，向大家汇报河南省地矿局深化地勘单位改革发展中的一些情况，期待大家的批评指正！

1　河南省地质工作出现的新特点、新问题

当前，中国经济转型发展正处于爬坡过坎的紧要关口。河南省作为传统矿业经济大省，调整产业结构、转变发展方式的任务尤为繁重。河南省的地质工作呈现新的特点：一是重要矿产资源保障矛盾有效缓解。经过 2004 年至 2013 年持续十年大投入找矿，取得了超过前 40 年总和的地质找矿成果，从根本上改变了省内矿产资源保障"寅吃卯粮"的局面。特别是近三年，全省矿产勘查投入 30 亿元，新查明（含新发现、部分查明及升级勘查）大型矿产地 72 处、中型矿产地 39 处。重点矿种探获（333）及以上资源量：煤炭 256 亿吨、金 199 吨、钼 289 万吨、铁矿石 10.9 亿吨、铝土矿 7.14 亿吨、岩盐 1760 亿吨。重要矿产资源如煤炭、铝土矿等矿种的静态保障年限均在 20 年以上，短时期内提高矿产勘查程度已不再是地质工作的主要矛盾。二是"美丽河南"建设对地质环境保障有新需求。党的十八大发出建设"美丽中国"的号召，河南省委提出建设富强河南、文明河南、平安河南、美丽河南"四个河南"建设，对地质工作的环境保障能力提出了新的要求。为有效破解新型工业化、城镇化和农业现代化建设中遇到的地面塌陷、区域性地面沉降、地表环境破坏、水土污染加剧、地质环境容量超限等地质问题，必须进一步加强地质环境的调查、勘查和治理工作，为国土空间开发利用的地质安全提供保障。三是国家规范事业单位管理给传统的地勘单位管理模式带来新挑战。长期以来，国有地勘事业单位实行"戴事业帽子、走企业路子"的管理模式，在享受国家事业单位经费的同时，对外开展经营活动，弥补事业经费的不足，并由此形成了事业企业不分的混合体制。随着国家规范事业单位管理，这种事企不分的管理方式的弊端进一步显现，屡屡受到监督部门的质疑，一些干部甚至因此受到了究责。

面对行业形势和管理方式的新变化，河南省地矿局突出问题导向，按照十八届三中全会

提出"市场在资源配置中起决定性作用"的要求，加快地质工作结构和地矿产业结构调整，加快建立与国家管理政策相适应的管理体制和运行机制。为此，河南省地矿局地勘工作的主要任务正经历着"三大转变"：一是"从以地质找矿为中心"向"资源环境并重"转变。在加强矿产资源勘查、缓解资源压力的同时，加强地质环境恢复治理、地质灾害防治、城市地质、农业地质、工程地质、旅游地质等工作。就矿产勘查本身而言，今后也不仅是单一地增加储量，更多地需要开展"资源－环境－经济"综合评价。二是从"以省内国内地质工作为主"向"立足省内国内与走出去并重"转变。河南省域国土面积有限，区内地质工作程度高，难以满足地勘队伍发展的需求。河南局在资源勘查"走出去"方面有着良好的基础，发展地勘经济、调整产业结构需要更多地利用"两种市场、两种资源"，加快地勘经济"走出去"的步伐。三是从"单一的事业体制"向"事业企业分体运行、共同发展"转变。随着矿产资源市场化配置程度的稳步提升，地质工作也将从政府主导逐步转向由市场需求来调节。为此，河南省地矿局正在完善地勘事业单位和地勘企业分体运行的制度设计：地勘事业单位继续承担公益性地质工作，开展地球科学研究、基础地质调查，向社会无偿提供地质图、地质信息数据、地质灾害防治、抗旱找水、公众地质信息咨询等，承担战略性矿产勘查任务，找矿成果提交政府来实现资源配置。国有地勘企业则提供商业性地质服务，以市场需求交换地质成果，成为真正的市场竞争主体。

2　河南省地勘事业单位分类改革的进展情况

属地化管理 15 年来，在国家加强地质工作的大背景下，河南省委省政府高度重视地质工作，出台了一系列支持地勘单位改革发展的政策措施。省政府批准驻郑州市区以外的地勘单位整建制迁入省会郑州市，统筹安排新迁郑州地勘队伍的工作生活基地建设，落实了地勘职工的同城待遇问题，地勘职工的生产生活条件大大改善。在财政经费保障程度稳步提升的同时，省财政投资 30 多亿元用于地质找矿和矿山灾害治理，为地勘单位发挥地质找矿、地质服务和地质科技主力军作用创造了良好的条件。河南省地矿局抓住机遇，坚持资源与环境并重，取得了地质找矿新突破和地质服务新成果，实现了履职能力和经济发展的巨大进步，在全省经济社会发展中的地位和作用进一步凸显，也为分类推进事业单位改革奠定了基础。

中央关于事业单位分类改革的中发〔2012〕5 号文下发以来，河南省地矿局按照全省事业单位分类改革的统一部署和行业管理部门的要求，完成了事业单位清理规范和分类改革申报工作。2012 年，在清理规范阶段，我们努力争取省编办的支持，明确了全局以战略性矿产勘查，组织实施基础性、公益性地质工作，全面发展地勘经济为重点的 7 项主要职能。清理核准后批准保留局属事业单位 21 家，其中从事基础性、公益性服务的单位 2 个（省地调院、省地矿信息中心），以从事矿产资源调查评价为主的综合性地勘单位 9 个（地矿一院、二院、三院、四院；地勘一院、二院、三院、四院、五院），以从事水工环地质为主的综合性地勘单位 2 个（环境一院、二院），专业性的地勘单位 5 个（省测绘地理信息院、省地质环境勘查院、省航空物探遥感中心、省岩石矿物测试中心、省地质科学研究所），辅助类单位 3 个（省地质学校、省地质职工学校、局机关服务中心）。批准 14 家局属事业单位更名，核减事业编制 3021 名。更名规范以后，局属单位的名称更加突出专业特色，定位职能更加明确。之后，我们又向省人事厅争取了比较有利的事业单位绩效工资发放政策，向省财政厅争取了地勘事业单位经费财政全额拨款政策。这些政策强化了地勘单位的公益属性、事业属性，为以后事业单位分类改革创造了有利条件。今年是河南省事业单位分类改革的"攻坚年"，省直事业单位将各自"就位"。经与省编办多方沟通，积极争取政策支持，河南省地矿局所属事业单位分类改革方案即将出台。大体情况是，专业基础类地勘单位，如基础地质调查、岩矿测试、水文地质勘查、航空物探遥感、地质测绘、地质科学研究等，由于其主要成果是各类地质图、地质信息数据，其服务职能和对象具有广泛性、不确定性、不连续性，公益性服务成果不能也不宜由市场交换，但对地质事业发展发挥着技术、人才基础支撑的作用。将这类单位划入公益一类事业单位，由财政全额拨款，促进其发展是适宜的。而对于以地质勘查、地质工程、地质服务等为主要职能的大多数事业单位划入公益二类，在强调其保障服务能力的同时，允许其部分由市场配置资源，以适当的方式参与市场竞争，从而进一步放活体制机制，激发内部活力，培育市场竞争力，以持续促进地勘事业的健康发展。这样，局属事业单位中，有1/3的单位约2250人将进入公益一类，占在职职工总数的1/4，而队伍的主体为公益二类人员。下一步，我们将根据不同类型事业单位的政策界定，研究如何更好地在新的体制下发挥作用，促进不同类别的地勘事业单位更好地明确定位、发挥职能，保障队伍整体稳定、繁荣发展。

3 推进地勘事企分开共同发展的改革探索

国有地勘单位长期实行"事业单位、企业化经营"的地勘体制，这种灵活的体制帮助地勘单位渡过了最困难的发展时期，但也遗留了一些难以解决的历史问题。属地化管理以后，随着国家规范事业单位管理，这种事企混合的地勘体制因缺少法律地位和制度保障，受到了监督部门的质疑，存在巨大的违规风险，也使干部职工对原有的发展路径感到困惑。经过深入研讨，我们认为要彻底解决这些问题，必须根据当前地质工作的新形势，适时作出体制机制的调整，积极探索事企分开、分体运行，构建地勘单位改革发展的新机制。为此，按照全省事业单位分类改革的统一部署，全局一方面规范事业单位管理，着力提高地质服务能力；另一方面建设规范的市场主体，促进地勘企业快速发展，加快构建事企分开、共同发展的地勘新体制，取得了一定的改革成果。我们的主要做法是：

一是创办大企业，实现地勘体制改革的"软着陆"。经省政府财政主管部门批准，2008年底，河南省地矿局注册成立了河南豫矿资源开发有限公司，迈出了地勘体制转换的关键一步。五年多来，豫矿企业体系通过做大自有矿权的投融资平台，实现了地质找矿的快速突破、找矿成果的快速转化，掘到了企业发展的"第一桶金"；有了初步的资本实力后，豫矿公司通过企业并购、股权改造等方式，着手解决地勘单位事业企业混合运行的历史遗留问题，先是对部分局管企业进行改造，全部清退了职工股份，同时向院级公司注入资本金3.88亿元，改造地勘单位不规范小微企业数十家、清退了近6000名职工的集资和股份，有效化解了地勘单位事企不分的法律风险。借助豫矿公司这个全局性的企业平台，河南省地矿局初步完成了由事企不分旧体制向事企分开、共同发展新体制的转换。

二是运作大项目，催生地质找矿新机制。五年多来，豫矿公司通过与中国五矿集团、河南煤化集团、洛阳栾川钼业集团等多家大企业合作，组织实施境内外自有矿权地质找矿项目90多个，发现大型规模以上矿产地9处、中型矿产地4处，探明一批金、银、钼、锡、铁等重要矿产的资源储量，还在西藏等省区新发现矿产地13处，取得了令人振奋的地质找矿突破和找矿成果收益。在嵩县整合勘查等项目中，我们创造了以"整合勘查、股份找矿"为主要特征的"嵩县模式"；在千鹅冲钼矿、东戈壁钼矿等项目中，我们创造了"订单找矿"的合作模式，利用企业的资金开展找矿，找矿成果又"定向销售"给企业，积累了"一集中、两快速"（集中资源要素，快速实现找矿突破、快速实现成果转化）的经验，被作为制度性成果写入国土资源部文件。我们还将自有矿权集成为"矿权包"与基金管理公司合作，在境内外开展找矿"风险定投"；积极探索矿业资本运作，在新加坡资本市场上市融资工作进展顺利。从"嵩县模式"到"订单找矿"，再到"风险定投"、勘查成果上市融资，我们用实践的方法创新了地质找矿工作思路，为建立市场经济条件下的地质找矿新机制进行了有益的探索。

三是搭建大体系，形成可持续发展的可靠支撑。2012年7月，经省有关部门批准，在豫矿公司的基础上组建豫矿集团公司。按照建设实力雄厚国有地勘企业的总体目标，我们以事企互动为平台健全了院级子公司体系，以产业发展为平台完善了直属子公司体系，以企业并购为主要途径充实了经营性实体，目前集团共有全资和控股子公司26家，以产权为纽带、由集团统领的多级企业组织体系基本形成。集团企业体系现已涵盖地质勘查、矿业开发、地质服务和地质旅游开发、文化产业园建设、房地产等相关领域，正按照"地勘先行、矿业支撑、科技引领、综合发展"的原则，努力打造集地勘业、矿业、关联产业为一体的产业发展体系。同时，进一步完善了组织体系和管理体系，初步实现了豫矿集团企业体系"资金、人员、信息、法规、项目"的统一管理。2013年纳入集团管理的企业实现收入32亿元，利税总额5.9亿元，集团体系企业总资产超过65亿元，年末可供分配利润总额近10亿元，国有资产实现了保值增值而且结构优良，规模发展和抵御风险的能力显著提高。

四是实现大发展，助推地勘事业企业良性互动。五年多来，豫矿集团利用投融资平台破解了找矿资金困局，通过找矿成果的快速转化，促进了地质勘查工作的市场化、产业化，取得了明显的经济效益，有力地支撑了全局地矿经济总量的跃升和经济增长质量的提升。全局每年利税总额中，有80%以上来自于豫矿集团及其子公司。随着事业单位预算管理政策的进一步落实，豫矿集团企业体系正成为全局地矿经济发展中最具活力和最具成长性的元素。由于地勘单位的支持，豫矿集团取得了快速发展；同时，豫矿集团通过事企分开强化了事业单位的公益属性，巩固了事业单位的地位。豫矿集团和地勘事业单位相互支撑，最终形成了良性互动、共同发展的良好局面。

在豫矿集团企业发展也存在着一些问题，比如，企业之间发展不平衡，一些企业相对困难，有的企业缺少产业支撑；地勘事业单位管理的惯性思维还影响着公司的治理和经营发展；投资项目分散，运作协调方面还需要加强。对这些发展中的问题，已引起高度重视，并正在努力研究解决。同时，我们还遇到了自身能力暂时无法解决的问题，譬如，清理局领导及公务人员在豫矿集团兼职（不取酬）问题等。

4　对进一步深化地勘单位改革发展的建议

一是进一步加强行业指导。深化地勘单位改革已成为新一轮深化国土资源领域改革中绕不开、躲不过的话题。鉴于地质工作与社会联系的不紧密性和地勘行业特殊的发展历程，期待各级政府改革设计部门进一步加深对这个行业的了解和理解，更需要国家层面的行业管理部门的更多"发声"，推动落实此前改革专题调研成果进一步显化，使各地的改革设计更有可操作性。二是加强高层设计。依法依规推进改革，是党的十八届三中全会对改革设计的新要求。从实践层面看，国有地勘单位改革发展制度设计的主体在省级政府。搞好改革设计，要体现"谋定而后动"的原则和习总书记"蹄疾而步稳"的要求，充分听取社会各方面特别是基层群众的意见和建议，充分考虑群众承受能力，最大限度地凝聚改革共识，妥善协调各方面利益关系。三是鼓励基层的实践探索。姜大明部长在谈到国土资源系统的改革时强调，要坚持守住底线、试点先行的改革原则。各省地勘单位结合自己的实际，进行了一系列改革探索，建议管理部门和学会加强对各地实践探索的指导，总结提炼出可复制、能推广、利修法的改革经验。对于改革探索中的失误和不足，不搞求全责备，不能一棍子打死，为全面深化改革营造良好的社会环境。

国有地勘单位改革与中国勘查产业组织构建思考

王 文 姚 震

（中国地质调查局发展研究中心 北京 100037）

摘 要 本文对国有地勘单位改革历史进行了简要回顾，分析了国有地勘单位发展现状和改革新情况，在分析矿产勘查特点和市场经济国家勘查产业组织特点的基础上，对我国勘查产业组织构建进行了思考，认为地质勘查产业组织应由不同层次的企业构成。当前，我国地勘单位改革成符合市场经济要求的勘查产业组织，尚缺乏内外部条件（包括地勘单位自身条件和市场环境）。因此，仍需完善市场环境，培育精干的勘查公司，实现改革远期目标。

关键词 地勘单位 改革 产业组织 构建

1 国有地勘单位改革历史回顾

1.1 建国初期，我国建立了与计划经济体制相适应的地质工作体制机制

建国之初，为了迅速满足大规模经济建设的需要，我国建立了高度集中的地质工作管理体制。其主要特征为：第一，地勘业作为一个独立的行业，与矿业和整个工业分离，地质工作是整个工业计划体制中的一个重要的基础环节。第二，地质工作机构由中央政府直属的综合地质工作机构和专业（工业部门）地质工作机构，以及向下延伸的地区地质工作机构和基层地质大队构成。地勘行业内部自成体系，形成高度小而全的小社会。地质工作实行了一整套事业性质的管理体制。第三，地质工作任务由国家下达；地质工作生产要素全部由计划配置；地质工作具体运作主要是通过地质项目管理；地质工作的完成情况，主要是通过政府规定的成果验收和绩效考核予以确认；完成的地质成果上交国家，由国家无偿地向使用者提供。这种管理体制的建立，在当时历史条件下，为我国社会主义建设做出了不可磨灭的贡献。

1.2 1985 年～1998 年，进行了以"三化"为目标的改革探索

1984 年 10 月，党的十三届三中全会通过的《中共中央关于经济体制改革的决定》，明确我国社会主义经济是公有制基础上有计划的商品经济。1985 年，原地矿部根据《经

济体制改革的决定》的精神，颁发了以简政放权为主要内容的两个文件，针对旧体制下对地勘单位管得过多、统得过死的弊端，在计划、财务、劳动工资、机构设置等方面提出了扩大地勘单位的自主权，并实施"项目管理、地质市场、多种经营"三大工程，特别是提出开拓"地质市场"作为改革的突破口。

与此同时，进行了地质工作的"三化"，即"地质成果商品化、地勘单位企业化、地勘队伍社会化"的讨论与实践，这既包含有企业化取向的改革，又有了生产经营结构调整的内容。

这一阶段改革的特点是"摸着石头过河"、"八仙过海，各显神通"，对改革的最终目标不十分明确，多属于队伍内部机制改革的性质，尚未涉及地质工作体制改革的内容。只是在事业体制下，探索企业化管理（机制层面）的途径，所以改革的力度不大。上述改革对当时的地勘队伍渡过难关，发挥了很大作用。该阶段还实现了地勘队伍基地由农村、山区搬迁至城市的目标，而且一般都搬进了地级以上规模的城市，这一战略性举措，其意义是极其重大的。

1.3 1999 年～2010 年，推进了属地化管理、企业化经营

1999 年 4 月，国务院下发了《地质勘查队伍管理体制改革方案》（国办发〔1999〕37 号）。该改革方案明确要求：一是地勘队伍改革必须坚持事企分开、公益性与商业性地质工作分开运行、探索建立现代地勘企业制度。二是将大部分地勘队伍实行属地化管理，并逐步实现企业化经营。

工业部门管理的地勘队伍，于 2001 年按照国务院办公厅《国家经贸委管理的国家局所属地质勘查单位管理体制改革实施方案》（国办发〔2001〕2 号文）的要求，大部分实行属地化管理；地方接受有困难的，交由中央部门管理。

在此期间，中国地质调查局成立，中国地质科学院重新组建。

这一阶段，60 多万人的地勘队伍实施了由中央管理向地方政府管理体制转变，体制改革的力度大，速度快，措施得力，仅用短短 3 年多的时间，就完成了队伍的顺畅过渡。这一阶段的改革目标十分明确，即必须坚持事企分开、公益性与商业性地质工作分开运行、探索建立现代地勘企业制度。这一阶段改革步骤采取渐进式，各地因地制宜、区别对待，从实际出发，逐步推进，使得属地化后的国有地勘单位得以从容应对。

1.4 2011 年～至今，进行事业单位分类改革探索

2011 年 3 月，中共中央、国务院印发《关于分类推进事业单位改革的指导意见》（中发〔2011〕5 号）文件，开启了事业单位分类改革大潮，地勘单位改革也应顺应这个潮流。

具体做法是将现有的事业单位划分为承担行政职能、从事生产经营活动和从事公益服务三个类别；对承担行政职能的，逐步将其行政职能划归行政机构或转为行政机构；对从事生产经营活动的，逐步将其转为企业；对从事公益服务的，继续将其保留在事业单位序列，强化其公益属性。公益一类、公益二类管理政策要点见表1。

表1　公益一类与公益二类事业单位政策要点

事业单位分类	经费来源	人事管理	财务管理	绩效考评	收入分配
公益一类	1. 财政会根据正常业务需要，给予经费保障。 2. 加大财政投入力度。 3. 绩效经费由财政和事业单位共同负担。	1. 编制审批制。 2. 逐步取消单位行政级别。	1. 纳入预算管理。 2. 实行"收支两条线"、国库集中支付制、政府采购制。 3. 实行资产动态监管，严格管理模式，资产处置收入归国家。	1. 严格财政资金使用效益，强化预算约束，规范收支管理，考评结果作为财政安排经费依据。 2. 建立内部考核制度。	1. 实行绩效工资总量控制，对绩效工资水平设定"基准线"，只允许小幅度浮动。 2. 事业单位领导绩效工资由主管部门确定。 3. 对急需引进高层次人才可实行协议工资、项目工资；对单位高层次才可建立特殊津贴。
公益二类	1. 财政会根据其财务收支状况，给予经费补助，并通过政府购买服务方式予以支持。 2. 绩效经费由财政和事业单位共同负担。	1. 编制备案制。 2. 逐步取消单位行政级别。	1. 利用国家资源、国有资产提供特定服务取得的收入，按"收支两条线"要求管理，包括项目经费。 2. 向社会提供经营服务取得的收入，纳入统一预算，主要用于公益事业发展。 3. 实行资产动态监管，严格管理模式，资产处置收入归国家。	1. 严格财政资金使用效益，强化预算约束，规范收支管理，考评结果作为政府购买服务对象的依据。 2. 建立内部考核制度。	1. 实行绩效工资总量控制，对绩效工资水平设定"基准线"，允许一定幅度浮动。 2. 事业单位领导绩效工资由主管部门确定。 3. 对急需引进高层次人才可实行协议工资、项目工资；对单位高层次才可建立特殊津贴。

2　国有地勘单位现状

国有地勘单位改革发展走到今天，已跨入一个全新阶段，总体看来可以说是中央和地方两级管理的体制框架初步建立、矿产勘查投入多元化格局初步形成、公益性地质调查队伍建设取得积极进展。下面从单位类型、队伍规模、经费投入三个因素进行现状分析。

2.1　单位类型现状

根据单位性质，国有地勘单位可以划分为三类：属地化管理的地勘单位、中央管理的地勘单位和其他地勘单位。

其中，属地化管理的地勘单位指地勘队伍管理体制改革时，按属地原则由中央下放给各省（区、市）政府管理的地勘单位，如省地矿局、省有色地勘局、省煤田地质局等。

中央管理的地勘单位包括中国地质调查局、武警黄金指挥部、中国冶金地质总局、有色金属矿产地质调查中心、中国煤炭地质总局、中国建材工业地勘中心、中国核工业地质局和中化地质矿山总局等。

其他地勘单位指各类获得地质勘查资质的矿业公司、科研院所、勘查公司、勘查技术服务公司等。

2.2 队伍规模现状

2013 年全国从事非油气矿产地质勘查工作的地勘单位职工总数为 95.45 万（详见表 2）其中：在职职工 54.17 万人，离退休人员 41.28 万人。在职职工与离退休人员比例 1：0.76。全国地勘单位在职职工中，属地化管理的地勘单位 27.84 万人，占 51%；中央管理的地勘单位 6.55 万人，占 12%；其他地勘单位 19.78 万人，占 37%，见表 2。

表2　2013 年底全国地勘单位职工规模（非油气）（单位：万人）

类别	总数	在职职工	离退休人员
属地化地勘单位	57.59	27.84	29.75
中央地勘单位	11.88	6.55	5.33
其他地勘单位	25.98	19.78	6.20
合　计	95.45	54.17	41.28

数据来源：2013 年度全国地勘行业情况通报

截至 2013 年底，全国公益性地质调查队伍规模接近 2 万人，其中中央公益性地质调查队伍为 8063 人，省级为 9797 人，院校队伍为 2039 人（详见表 3）。

表3　全国公益性地质队伍构成（人）

类别	在职人员	技术人员
中央公益性队伍	8063	5827
省级公益性队伍	9797	8088
院校队伍	2039	1808
合　计	19899	15723

数据来源：中国地质调查局 2013 年综合统计年报、省级公益性地质调查队伍能力建设评估报告。

2.3 经费投入现状

我国地质勘查（非油气）投入资金从 2006 年到 2012 年连续七年快速上涨。2013 年世界经济发展乏力、国内经济下行压力较大，矿业形势总体低迷，地质勘查投入资金出现下降趋势（见图 1）。

2006～2013 年，我国地质勘查投入资金多渠道逐步明显（见图 2）。以 2013 年为例，全国地质勘查投入资金多元化明显，其中中央财政 89.15 亿元，占总量的 19%；地方财政 123.93 亿元，占总量的 27%；社会资金 246.71 亿元，占总量的 54%。

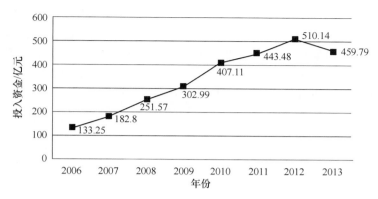

图1 全国地质勘查投入资金年度变化图

数据来源：2013年地质勘查进展

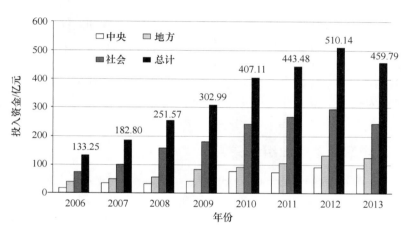

图2 全国地质勘查投入资金渠道变化图

数据来源：2013年地质勘查进展

3 地勘单位改革新情况

2011年中央推进事业单位分类改革后，国有地勘单位随之进行相应的改革。从各地分类结果看，以公益类事业单位为主，而公益序列中又以公益二类为主。截至2014年6月，在全国411个地矿局系统地勘单位之中，分类定位为公益一类的单位有104个，公益二类的有255个，经营类的有52个。各地分类结果均以公益类事业单位为主，其中公益二类居大多数，占全部的62%。部分省地勘单位分类改革情况简述如下：

广东省地勘局下属地勘单位大部分定位为公益二类事业单位。配套制度：2008年试点改革期间，给予了5年过渡期，过渡期内，财政支持政策维持不变；2012年为贯彻落实2011年中央5号文，再次设定5年过渡期。浙江省地勘局下属地勘单位大部分定位为公益一类事业单位。配套制度：一是在事业单位实施岗位设置管理制度，二是执行事业单位绩效工资制度。显著影响：单位职工收入水平有所下降，收入分配平均化程度提高。河南省地勘局大部分划为公益二类事业单位。与此同时，建立地矿局直属企业"河南豫矿国际矿业投资有限公司"，实行事企分开、规范运行。陕西省地勘局全部转变为企业，参与市场竞争，遵循市场机制。配套制度：一是实行"老人老制度、新人新政策"，二是改革后的地勘单位原财政安排的地勘经费保持不变，三是以行政审批方式给地勘单位优先配置部分矿业权，四是对土地出让金"减、缓、免"。内蒙古地勘单位从 2004 年纳入自治区直属事业单位改革试点开始，各地勘单位逐步向企业转化，地矿局、煤田局、冶金局分别成立了三个集团公司。2013 年，共同出资组建内蒙古矿业集团，力求打造自治区大型矿产资源勘查开发一体化龙头企业。

4 中国产业组织构建思考

4.1 矿产勘查特点

矿产勘查特点（地质规律）为：多阶段、高风险、高投入、长周期。

多阶段是指矿产勘查一般分为基础地质工作、普查、详查和勘探。高风险主要表现为找矿成功率低，并有不断降低趋势，如：我国金属矿产的找矿成功率在 50 年代为 1%，70 年代下降到 0.1%，80 年代为 0.05% 左右。高投入主要表现为发现和勘探矿床的投入巨大，如：发现一个中型规模的金属矿床，勘查投资一般在 1000 万元到 6000 万元之间。长周期主要表现为探明矿床和投入开发的时间长。如：一个中型规模的金属矿床，勘查周期大致需要 5 ~ 15 年的时间。地质勘查发现矿床后，一般需要五年左右才能建成矿山。

4.2 市场经济国家勘查产业组织特点

通过研究发达市场经济国家产业组织的特点（表4），取得如下认识：

（1）为适应矿产勘查多阶段、高风险、高投入、长周期等规律，市场经济国家形成了不同层次、不同规模、不同融资方式和不同产品的矿产勘查产业组织。其中独立找矿人/公司规模小，经营灵活，主要适合预查和普查阶段，一般是个人出资或借贷解决勘查投入问题，如果有找矿发现，形成有勘查前景的矿产地（矿床），以出售探矿权或选择权协议的方式获得回报，然后退出勘查活动，再进行下一个找矿活动。

表 4 市场经济国家勘查产业组织特点

产业组织	勘查阶段	勘查投入	产出	退出
独立找矿人/公司	预查，普查	个人/团队	矿业资产（探矿权）	出售探矿权、选择权协议、开展合作勘查
初级勘查公司	详查，勘探	公司/借贷，风险勘查资本市场（创业板）	矿业资产（矿业权）	出售探矿权，合作勘查开发，作价入股
高级勘查公司	勘探，科研，矿山建设	借贷，矿业资本市场（主板）	矿业资产（矿业权）	出售探矿权，合作勘查开发，作价入股
矿业公司	开发勘探	借贷，矿业资本市场（主板）	矿产品	出售矿产品并购

初级勘查公司主要适合详查和勘探阶段，一般是公司出资、借贷或通过风险勘查资本市场解决勘查投入问题，如果发现和探明有价值的矿床，以出售探矿权或合作勘查的方式获得回报，退出勘查活动，进行下一个勘探活动。高级勘查公司主要适合勘探、科研、矿山建设阶段，一般是公司出资、借贷或通过矿业资本市场解决勘查投入问题，如果探明有价值的矿床，以出售探矿权或合作勘查开发的方式获得回报，退出勘查活动，进行下一个勘探活动。

（2）适应市场经济优胜劣汰的规律，不同阶段的产业组织分工明确，特色明显，规模比较精干。产业组织有其技术和管理的核心能力，一般性劳动尽可能通过市场解决，因此，发达市场经济国家由矿业权、人力资本、设备、资本（金）、信息（服务）等市场构成的市场体系完备，为市场配置矿业要素资源提供了平台。

（3）不同层次的产业组织的经营活动构成了矿业产业的次级产业链，这些次级产业之间联系密切，互为依存，并且由低级到高级发展变化畅通，一个低级勘查公司可以成长为一个高级勘查公司，这些变化主要是由市场这只"看不见"的手决定的。

4.3 中国产业组织构建思考

4.3.1 理论思考

遵循地质工作规律和市场经济规律，矿产勘查的要素的配置应当发挥市场的决定性作用，地质勘查产业组织应由不同层次的企业构成。

4.3.2 现实思考

当前，我国地勘单位改革成符合市场经济要求的勘查产业组织，即具有持续发展能力的各类勘查公司，尚缺乏内外部条件：包括地勘单位自身条件和市场环境。下一步我国勘查产业状况是：公益类地勘单位加矿业公司，距独立勘查公司加矿业公司的产业组织结构仍有很大距离。因此，仍需完善市场环境，培育精干的勘查公司、实现改革远期目标。

参 考 文 献

［1］国土资源部咨询研究中心．国有地勘单位改革与发展研究报告［R］．2008，12
［2］王文，张润丽，姚震，等．我国地质工作体制机制研究［J］．中国矿业，2011，20（8）：8～10
［3］齐亚彬，付晶泽，王文，等．浙江省地勘单位调研报告［R］．北京：中国地质调查局发展研究中心，2014，8
［4］王军，王志刚，周鑫，等．陕西省地勘单位改革发展专题调研报告［R］．北京：国土资源部调控和监测司 2014，9
［5］张万易，姚晓峰，等．2013年地质勘查进展［M］．北京：地质出版社，2014：1～5

关于资源开发与经济转型的几点思考

——赴德国考察报告

李世镕

（内蒙古国土资源厅　呼和浩特　010010）

摘　要　近年来，在欧债危机不断蔓延、世界主要发达国家经济欲振乏力的大背景下，德国经济逆势而上，其在世界经济格局中的地位得到巩固和提升。矿业资源的开发利用对德国经济的平稳较快发展发挥了巨大作用。内蒙古作为我国的资源大省，需要借鉴国外的成功经验，提高资源开发水平，推动地区经济发展。本文根据赴德国考察的见闻与启示，结合本人主持内蒙古国土资源工作的实际经验，提出相关的政策建议。

关键词　内蒙古　德国　资源开发　经济转型

近年来，在欧债危机不断蔓延、世界主要发达国家经济欲振乏力的大背景下，德国经济却始终保持了平稳较快增长，并成功实现了经济转型。虽然在经济转型后矿业经济比重已经降至较低水平，但德国在资源开发方面的技术、管理优势仍然非常突出。内蒙古作为我国的资源大区，借鉴吸收德国在矿产资源开发及经济转型方面的成功经验，对于进一步提升资源开发水平、推动地区经济平稳快速增长及加快经济转型步伐都具有重要意义。

1　考察见闻与感受

2013 年 2 月，本人率团赴德国进行了考察。考察团结合内蒙古实际，以资源开发与经济转型为重点，先后考察走访了德国科隆、杜塞尔多夫、杜伊斯堡，与德国北威州经济部投资署、弗劳恩霍夫应用科学促进会 Inhaus 中心及鲁尔集团。

在考察中，展现在我们眼前的德国，可以用"三个现象"来概括：一是制造业高度发达，但看不到多少工厂；二是农业所占比重很低，但看到大片规模化的农田、牧场和果园；三是环境优美，森林茂密，城市更像城市，农村更像农村。

深入分析德国经济发展过程，其之所以能保持长周期高增长，特别是能够成功实现经济转型，主要原因及成功经验有以下几点：

1.1　遵循经济发展规律是实现经济转型的基本前提

经济转型必须尊重经济规律，政府及企业的各类转型措施必须建立在此基础之上。德国始终坚持社会市场经济体制，在经济转型中充分发挥市场对资源的基础配置作用，按照产业演进规律设计转型路径，产业结构优化趋势非常符合发展规律。德国的产业结构是按照一、二、三次产业的顺序依次调整的，农业非常发达，但占国民经济的比重很低，工业历经调整创新，已经达到很高水平，于是近十几年来，德国进入了一个服务业高度发展的阶段。同时，德国的经济转型既包括对传统产业的改造提升，也包括对新兴产业的大力培育。经过转型升级，德国以钢铁制造为核心的传统产业优势并未丢失，而是通过不断地创新创造，不断地提升产品设计、产品性能和产品质量，从而持续保持引领地位、持续扩大领先优势、持续获取高额收益，可以说做到了经久不衰、历久弥新。同时，德国大力培育节能环保、光学技术、生物智能、新能源、新材料等新兴产业，专门设立了"新市场股市板块"，专门为新兴产业公司及小型高科技公司上市服务。

1.2 适度的政府干预和有力的政策支持是实现经济转型的必然路径

在充分发挥市场基础作用的基础上，适度的政府干预和有力的政策支持是经济转型必不可少的。以鲁尔区的转型为例，在其经济转型过程中，德国政府和北威州政府均采取了一系列的措施。一是加强组织和规划。成立专门的机构负责区域转型工作，政府先后主导编制了鲁尔发展纲要、新工业化战略、鲁尔行动计划、未来鲁尔倡议等十项规划，并有效组织实施。二是注重科技和环保。在国家和欧盟资助下，鲁尔区先后在波鸿、多特蒙德、埃森等地建立了一批高等院校和科研机构，目前已发展成为欧洲最密集的研发创新区之一。同时，高度重视环境保护，设立环保机构，颁布环保法令，对区内环境进行统一规划和管理。三是发挥政府投资的导向作用。自 1968 年以来，政府直接用于鲁尔区经济振兴（产业投资促进、技术中心兴建、工业园区建设、劳动力培训）的投资达 200 亿欧元，由此带动的私人投资高达数倍之多。同时，还努力改善投资环境，多方位拓展投资渠道，促进区域经济结构的调整。

1.3 因地制宜是实现经济转型的重要策略

德国经济转型注重发挥不同地区的优势，不同城市产业特色十分鲜明。如多特蒙德市依托众多的高等教育和科研机构，大力发展软件业，已从以前的钢铁城转变为信息产业城；杜伊斯堡市凭借港口优势，重新规划建设临水区域，对闲置的厂房和设备进行改造，将工作生活休闲融为一体，正在向服务型城市转型；埃森市则拥有广阔的森林和湖泊，成为当地的休闲和服务中心。最为典型的是埃森煤矿的转型，该矿建于 1851 年，曾经是欧洲最大的煤矿之一，最深采掘已达 700 米。二十世纪八十年代中期因经营亏损被迫停产。北威州政府并未拆除占地广阔的厂房和煤矿设施，而是买下了全部的工矿设备，进行"功能改造"。当年的冲压车间被改造成鲁尔区最有品位的餐厅，昔日的厂房车间也被改建成大型剧场、现代艺术馆和展览馆，而整个矿区的主体被改建为煤矿博物馆，每年接待近 100 万游客，同时还容纳了 1000 多名艺术家"就业"。2001 年埃森煤矿被列为世界文化遗产，是鲁尔区经济转型的重要标志。

1.4 环境优先是经济转型的重要原则

二十世纪五六十年代，德国在战后重建中一味追求经济效益，忽视了环境保护，结果随着德国经济的重新起步，莱茵河水被严重污染，工业重镇鲁尔区雾霾蔽日，同时部分地区因采矿沉降平均达 15 米，最多的达 30 米。不断恶化的环境让德国政府和民众正视以牺牲环境为代价发展经济的后果，并陆续出台了一系列环保法律法规。

2012 年 2 月，德国开始实施"资源效率计划"，以降低经济对原材料消费的依赖程度，减少原材料使用所造成的环境负荷。德国已通过法律，将于 2018 年关闭德国境内所有的煤矿开采业，至 2030 年关闭德国所有的核电厂。德国期望在 2020 年将风能、太阳能等可再生能源发电比例提高至 35%，2050 年提高至 80%。同时，德国还建立了碳交易体系，企业通过分配和竞拍的方式获得温室气体的排放配额。其莱比锡欧洲能源交易所是欧洲主要的碳交易所之一。

正是有了比较完善的法律法规、深入人心的环保理念、政府和企业对环保技术研发的持续投入、市场机制对企业环保行为的调节等因素，德国才在保持经济平稳增长、实现转型发展和环境保护方面走出了一条独特的、多赢的道路。

2 启示与建议

2.1 要坚定不移、因地制宜地加快推进经济转型发展

经济转型是经济发展至一定阶段后的内在要求和必然结果。过去三十年来我国经济的快速发展，缘于制度性变革、人口红利、全球化扩展等因素的共同推动；但近几年爆发的全球经济危机，首先打破了我国既有经济运行模式的外部条件，随后又加速催化了内部结构性矛盾，其他如人口红利、制度红利以及后发优势等经济性因素也在逐渐消退，原有高消耗、高污染、高投入、低产出的增长模式已无法持续，经济转型已经成为我国面临的极其紧迫、无法回避的重大问题。因此，党的十八大提出："以科学发展为主题，以加快转变经济发展方式为主线，是关系我国发展全局的战略抉择。"

不同经济发展阶段所面临的经济转型的条件、要求、目标、路径是不同的，我国的经济转型不能照搬德国的模式，而必须根据自身实际，选择符合当前我国国情的转型道路。具体到内蒙古，2012 年我区人均 GDP 为 10189 美元，三次产业比例为 9.1：56.5：34.4，其中工业比重为 49.8%，综合分析，我区仍处于工业化中后期，与全国工业化平均水平相当。未来较长时期内，我国由东向西的产业梯次转移步伐将进一步加快，我区将迎来工业化和城镇化加快发展的黄金期，经济转型的内在要求与外部需求都将集中显现。从我区的经济发展实际出发，现阶段我区经济转型应紧紧围绕十八大提出的"加快形成新的经济发展方式，把推动发展的立足点转到提高质量和效益上来，更多依靠科技进步、劳动者素质提高、管理创新驱动，更多依靠节约资源和循环经济推动"的要求，以调整产业结构为主攻方向，以强化创新驱动为重要支撑，进一步加快新型工业化、信息化、城镇化、农牧业现代化进程，促进"四化"同步发展，增强经济发展的内生活力和动力，增强发展的平衡性、协调性和可持续性。要加快产业结构调整步伐，坚持走新型工业化道路，改造提升传统产业，大力发展新兴产业，加快发展服务业，做大做强畜牧业，着力构建传统产业新型化、新兴产业规模化、支柱产业多元化的产业发展新格局。

2.2 加快生产要素价格市场化步伐，尽快确立合理的要素配置机制

经过三十多年的改革开放，我国市场化改革已经取得了极大突破，但也存在严重的不平衡。产品领域的市场化改革非常彻底，但金融、土地、能源等生产要素的市场化则严重

滞后，由此导致生产要素价格严重扭曲，并形成要素的非效率性配置。因为生产要素价格扭曲具有很强的传导性和扩散性，也导致了我国宏观经济发展的很多不平衡现象，如投资与消费的失衡、国民收入分配的失调等等。我们必须加快要素价格市场化步伐，努力校正扭曲的要素价格，尽快确立合理、高效的要素配置机制，促进国民经济的健康发展。

从土地要素来看，重点是要合理确定各类建设用地的价格，特别是应保持工业用地价格平稳。当前，我国众多经济、社会问题均与土地政策密切相关，核心就是合理确定地价问题。从保护耕地红线、保障粮食安全、保护农民利益和优化国土开发空间的角度出发，土地开发规模必须由国家严格控制，土地价格要在政府主导下按照市场供求关系合理确定，其中商服、住宅用地价格的市场化程度可适当提高，而工业用地则应通过政策引导尽量保持相对平稳，防止上涨过快，进而影响地区工业的整体竞争力。同时，还应考虑从法律、政策层面逐步解决农村集体土地流转及农村集体土地、宅基地的担保质押权等问题，以进一步释放土地要素活力。

从能源要素来看，当前我国煤炭价格已经实现完全市场定价，但电力、石油价格仍由政府主导，下一步应当重点理顺电力、石油的定价机制。目前，我国不同地区的发电成本相差很大，如内蒙古鄂尔多斯地区的火力发电成本不足 0.2 元/度，而南方江浙地区的成本则高一倍多；鄂尔多斯地区的普通工业电价为 0.54 元/度，大工业电价为 0.44 元/度，江浙地区的普通工业电价为 0.88～0.95 元/度，大工业电价为 0.65～0.7 元/度。无论是西部的鄂尔多斯或是南方的江浙地区，发电成本与销售电价之间均存在巨大的利润空间，但这一高额利润主要被电网公司所垄断，发电企业所能享有的利润很少，甚至很多发电企业长期处于亏损状态。下一步，应当进一步理顺电力定价机制，适度降低电力价格，其中主要应降低电网企业的高额垄断利润。同时，在一些发电成本较低的电力优势区域，应当允许建设自备火电厂，在确保主电网安全的前提下，实行区域直供。在石油价格方面，则应进一步增强国内油价与国际油价的联动机制；同时，在优势区域集中发展煤制油产业板块（以内蒙古鄂尔多斯地区为例，一套 500 万吨/年的煤制油项目，当煤炭价格控制 250 元/吨以下，国际原油价格在 50 美元/桶以上时，即具备与石油炼制项目的竞争能力），从而降低我国的石油对外依存度，平抑成品油价格。

2.3 进一步提高产业集中度，大力发展区域特色经济

产业集中度是衡量某个产业资源配置效率的重要指标，较高的产业集中度，有利于节约土地资源、实现设施共享、降低生产成本、提高产品质量、促进技术进步，并获得明显的规模经济效益和市场竞争优势。

当前，除石油产业外，我国煤炭、钢铁、汽车、化工等主要产业集中度普遍较低。以钢铁产业为例，我国现有粗钢生产企业 500 多家，平均规模 100 多万吨，排名前 10 位的钢铁企业粗钢产量仅占全国的 48%。而韩国浦项制铁粗钢产量约占全国的 60%，德国蒂森克虏伯、美国钢铁公司、俄罗斯谢维尔等钢铁企业的粗钢产量均超过了本国总产量的 20%。因产业集中度低，行业资源无法得到合理、高效的利用，核心技术难以有效突破，也难以形成世界级的、有行业影响力的大公司。近年来我国众多钢铁企业在铁矿石进口上各自为政、互相争抢，难以掌握定价权，使澳大利亚、巴西等铁矿石出口国渔翁得利，即为深刻教训。

要把提高产业集中度与发展区域特色经济结合起来，要通过充分发挥地区比较优势，

打造独具特色的区域产业板块。区域特色产业板块的载体既可以是一个省，也可以是一个县，甚至是一个乡。关键是要找准自身特色和优势所在，立足现有特色，通过挖掘延伸强化形成特殊的竞争优势。如内蒙古就应立足煤炭、有色资源优势，充分发挥电力成本优势和水资源优势，打造我国西部重要的能源、化工基地。全区各盟市、旗县也应根据自身实际着力打造特色产业集群，如乌兰察布兴和县石墨集群等。

2.4 进一步提高资源集约节约利用水平，强化环境保护

矿产资源是经济社会发展的重要基础，提高资源集约节约利用水平对于经济社会发展至关重要。内蒙古是我国的资源开发大区；当前德国的矿业开发虽然整体规模较小，但其开发、管理水平极高，有很多值得我们借鉴的地方。

我区在矿产资源管理上应落实两个"三位一体"：一是要树立新型的资源观和资源管理观，要从单纯的资源管理走向资源、资产、资本三位一体的综合管理，尤其要发挥资源的资产、资本功能；二是要从单纯的数量管理走向数量、质量、生态三位一体的综合管理，从单纯的满足资源需求走向供需双向调节、差别化管理，从单纯的资源投放走向提高资源利用效率和促进生态保护，建立良性循环机制。

提高资源集约节约利用水平，重点是提高资源开发"三率"（开采回采率、选矿回收率、综合利用率）。同时要通过资源整合，进一步提升产业集中度，促进资源高效利用，构建矿产资源"探、采、选、冶、加"一条龙发展的产业链体系，促进内蒙古资源优势向经济优势转变。

同时，在资源开发中必须坚持环境优先原则。内蒙古横跨"三北"，是我国北方重要的生态屏障，且采矿业、能源重化工业在总体经济中所占比重较大，如果在资源开发中不重视环境保护，很可能出现"经济大发展，环境大污染"的情况。必须坚持在开发中保护、保护中开发，坚持点上开发、面上保护，着力构建资源节约型、环境友好型社会。要按照人口资源环境相平衡、经济社会生态效益相统一的原则，控制开发强度，调整空间结构，把握好资源承载、污染控制、生态安全三大核心环节，进一步提高产业门槛，坚持集中发展，调整优化生产力布局，引导工业向园区集中、人口向城镇集中。要严格执行草畜平衡、禁牧轮牧休牧等相关制度，实施重大生态修复工程，强化沙漠沙地和水土流失综合治理，实现美丽与发展双赢。

参 考 文 献

[1] 彭华岗，侯洁. 德国资源型城市和企业转型的经验及启示 [J]. 中国经贸导刊，2002，(19)：42 ~ 43

[2] 付庆云. 德国的自然资源管理 [J]. 国土资源情报，2004 (3)：7 ~ 12

[3] 李颖. 德国低碳经济研究 [D]. 上海华东师范大学，2013

[4] 陈颖. 内蒙古资源型产业转型与升级问题研究 [D]. 北京：中央民族大学，2012

[5] 秦志宏. 内蒙古资源型产业的成长模式研究 [J]. 北方经济，2006，(13)：13 ~ 15

[6] 王锋正，郭晓川. 资源型产业集群与内蒙古经济发展 [J]. 工业技术经济，2007 (1)：51 ~ 53

[7] 杨佩昌. 德国经济的"慢"与"精" [J]. 资源再生，2013 (2)：72 ~ 74

[8] 内蒙古自治区科技厅软科学研究计划项目课题组，徐永平. 转变资源观念 发展特色经济——优化资源开发利用，着力推进内蒙古特色经济发展 [J]. 北方经济，2013 (3)：41 ~ 44

[9] 徐四季. 德国经济的现状与未来 [J]. 国际论坛，2005 (2)：74 ~ 78，81

结合新疆实际积极稳妥推进地勘事业单位分类改革

——新疆地矿局分类改革情况介绍

郭兰在

（新疆地矿局 乌鲁木齐 830000）

摘 要 总结改革现状，反思改革的经验、教训，把握地勘行业发展的新形势是地勘事业单位分类改革的关键。属地化改革后，新疆各地勘单位融入到地方经济发展中去，也因丰硕找矿成果进入到了社会大众的视野。本文结合新疆地矿局地勘事业单位分类改革情况，探讨了改革的成功经验。

关键词 地勘单位 改革 成果

1 新疆地矿局概况

新疆地矿局成立于 1955 年，是自治区人民政府直属的正厅级事业单位。现有下属事业单位 26 个，其中综合地质队 10 个，专业地质队 7 个，科研及辅助单位 8 个，地调院 1 个，分布在全疆 10 个地、州、市。局控股公司 1 个，即新疆宝地投资公司；宝地投资公司控股的公司 4 个：新疆宝地矿业公司、新疆宝地工程建设公司、新疆深圳城公司、新疆宝凯有色矿业公司。截至 2013 年末，全局职工总数 14473 人，其中在职职工 5015 人，占 35%，离退休职工 9458 人，占 65%；有各类专业技术人员 2976 人，其中高级、中级、初级职称所占比重分别为 17%、28%、55%。全局资产总额 117.14 亿元，其中固定资产 11.98 亿元，净资产 71 亿元。

1.1 新疆局地勘事业单位分类改革情况

新疆局事业单位分类改革根据相关政策要求，按照进程安排，分两步进行：一是调整布局结构；二是分类改革。

1.1.1 事业单位布局结构调整与分类改革方案

2012 年 6 月，我局上报了事业单位布局结构调整方案，在机构编制方面，方案明确撤销探矿机械装备中心、物资供应管理中心、局生活基地管理中心 3 个局属事业单位的机构编制。在人员编制方面，探矿机械装备中心和物资供应管理中心人员编制并入第九地质大队，生活基地管理中心人员编制不再保留。

形成此方案时，局层面的考虑是：探矿机械装备中心和物资供应管理中心，两家单位在职职工人数少，离退休职工占绝大多数，主要负责为工程施工提供生产设备信息服务，无自主研发产品，如划入经营类，管理、产业完全市场化，无法生存。生活基地管理中心是局属地勘单位异地搬迁时设立的基建管理服务单位，因建设工作已经完成，服务职能自2010年起并入迁往单位中，已无保留意义。

经多次沟通将几家单位的情况详细说明后，新疆维吾尔自治区分类推进事业单位改革工作领导小组批复同意了我局布局调整方案。

2012年8月，我局上报了事业单位分类改革建议方案，建议将地调院、区调队、物探队、测绘队等以面积性地质工作为主的地质勘查单位同地质科学研究所、博物馆、信息中心、新闻中心、职工教育中心、地质中学等为地质工作服务的事业单位划归到公益一类；综合地质队、水工环专业地质队、矿产实验研究所划归到公益二类。经过多轮沟通，新疆维吾尔自治区编办基本同意我局上报方案，在此基础上，进一步要求新闻中心并入信息中心，地质中学按自治区统一规定划入公益二类。

1.1.2 新疆编办最终批复情况

我局于2013年初步完成了布局结构调整。局属事业单位由此前的30个撤销、合并至27个；事业编制从6270人减至6223人。2014年3月，新疆维吾尔自治区分类推进事业单位改革办公室下发通知，批复我局分类改革方案，撤销局新闻中心，职能和人员连人带编划转信息中心。27个事业单位调整为26个，事业编制6263人减为5763人。

方案确定局机关划入公益一类，人员编制96人。局地质矿产博物馆、地质矿产研究所、地调院、信息中心、2个区域地质调查队、物化探队、测绘队、产业管理办公室、职工教育中心10个单位划入公益一类，经费全额预算拨款，编制1512人；10个局属综合地质队、3个水文队、地质中学、矿产实验研究所15家单位划入公益二类，经费差额预算拨款，编制4142人；机关服务中心不分类，经费全额预算拨款，编制13人。

2 几点体会与思考

事业单位分类改革，我们局在新疆是第一批获得批复的单位，进展比较顺利，主要得益于以下几个方面：

2.1 属地化后，控制队伍规模、调整人才结构取得了一定成效

实行属地化管理后，地勘费已经不能养活数目庞大的队伍，为了适应变化、继续生存发展，对队伍规模和人才结构进行了调整。

属地化前，我局编制12000人，在职职工10000人，工程技术人员不到1800人，能从事野外工作的工程技术人员不到1000人。队伍臃肿、地质人员短缺、技术骨干断档是当时面临的主要问题。属地化以后，我局认识到问题严峻性，通过严格控制入职职工人数，积极争取地质类毕业生直接录用的优惠政策，逐步优化队伍结构。2000年以来，全局新接收地质类大中专毕业生875人，委托大专院校培养在职硕士研究生90人、在职博

士研究生 22 人。依托项目锻炼人才，培养出一批既懂地质又善管理又具有独立分析和解决问题能力的技术骨干和项目带头人。据 2013 年年末统计，我局实有在职职工 5015 人，工程技术人员增至 2952 人，工程技术人员比例从 18％ 提高到 59％，队伍结构得到极大改善，也大大减轻了财政负担。

通过与机构编制部门交涉沟通，他们掌握了我局先前在精简队伍和人才培养方面所作的行之有效的大量工作，了解到组建一支地质勘查队伍的不易。在沟通中与编办达成一致，新疆是资源大省，其面积约占全国六分之一，保留一支 5000 人的找矿队伍是适应国家需要的，是符合新疆实际的。

2.2 改革以进公益一类、二类为主，出发点是保持队伍稳定，符合新疆区情

关于不划入经营类的考量。一是经营类单位是以盈利为目的，必须精干高效，大量人员划入经营类，自有地勘单位本身缺乏竞争力，人员必然会再次陷入生存困境。属地化以后，我局矿业产值已接近年产值 20 亿元，现代化矿山也有 2～3 座，实践证明，大量的产业工人需要外聘，兴办产业难于完全解决人员分流问题。二是探采一体化政策氛围没有形成。地质工作需要人员多，安置效益强，但矿权办不上，政府通过各级基金垄断矿权，加之招拍挂政策，通过找矿、开矿逐步转入经营类的政策道路基本关闭。连矿权都办不上，何谈经营。

从新疆工作的特殊性考虑，新疆社会稳定、改善民生事关重大。公益、经营一刀切，划入经营类单位自担风险、自负盈亏，单位自身又缺乏竞争力，职工队伍不稳定。所以上报方案划入公益一、二类，也是稳妥考虑。

2.3 新疆局近年突出的地质找矿成果，为分类改革争取到了话语权

"十五"以来，特别是新疆"358"项目和找矿突破战略行动实施以来，我局紧抓机遇，发挥优势，全力加强地质找矿工作，实现了地质找矿重大突破，极大地彰显了自治区地质找矿主力军的地位和作用。

一是找矿勘查取得新的重大突破，为自治区经济社会发展和长治久安提供了可靠资源保障。继"十五"评价出罗布泊钾盐矿和土屋－延东铜矿以来，共新发现和快速评价出了大型、超大型能源、金属和非金属矿床 53 处，探获了巨量资源量。以准东煤田、和什托洛盖煤田、吐－哈煤田、淖毛湖煤田为重点，探得资源量 4000 余亿吨，其中新增资源量 3000 亿吨，为"十五"之前 50 年总和的 4.1 倍。在东疆发现和评价了库姆塔格、西戈壁、了墩南 3 个大型以上钠硝石矿区，探求资源量 2 亿多吨，达到世界级巨型矿床规模。近几年，在罗中、罗南新增钾盐资源量 1 亿多吨，累计达 3.5 亿吨。以西天山阿吾拉勒、西昆仑塔什库尔干两大铁矿带为突破口，先后发现和评价了查岗诺尔、智博、备战、赞坎、迪木那里克等 19 处中－大型铁矿床（其中亿吨级以上的铁矿 12 处），共探获铁资源量近 40 亿吨，新增近 30 亿吨，约为"十五"前总量的 3.8 倍。铜镍、铅锌、钼等优势有色金属矿种取得重要找矿进展，新发现并评价了坡一镍矿、阿舍勒铜矿、彩霞山铅锌矿、苏云河钼矿等大型－超大型矿床，共探获资源量铜 752 万吨、镍 226 万吨、铅锌 772 万吨、钼 79 万吨。西天山那拉提卡特巴阿苏大型金矿的发现和萨瓦亚尔顿超大型金矿深部

规模的不断扩大，是近几年来金矿找矿的亮点，共探获金资源量 265 吨。这些矿床的发现和评价，初步形成了西天山、西南天山、东疆、西昆仑、东昆仑等五大金属矿产开发基地，西准、准东、西天山、库拜、东疆等五大煤电煤化工基地。

二是大幅提高了基础地质程度和科研工作水平，为地质找矿持续发现和持续突破奠定了坚实基础。围绕重点成矿区带的勘查，全面加强区域地质、物化探等基础地质工作，累计完成 1:25 万区调、1:20 万～1:25 万化探等基础地质工作面积 57.71 万平方千米。其中，完成 1:5 万区调面积 20 余万平方千米，国土面积覆盖率由"十五"前的 6.98% 提高到 18.97%。在全国率先开展了高寒深切割山区 1:5 航磁测量，迅速确定了西天山阿吾拉勒、西昆仑塔什库尔干两大铁矿带，实现了"当年飞行、当年查证、当年见矿"，目前共完成 1:5 万航磁约 50 万平方千米。组织实施的"新疆矿产资源潜力评价"项目，科学预测了 24 种矿产资源量，进一步摸清新疆矿产资源家底。主管的《新疆地质》期刊已成为唯一进入国家级核心期刊的省级地学刊物。全局获得国家和自治区科技进步奖 19 项。

属地化改革后，新疆各地勘单位融入到地方经济发展中去，也因丰硕找矿成果进入到了社会大众的视野。中国首届百强地质队排序中，全国前五，三个队伍都是新疆局的队伍。这支服务国家和自治区找矿、运行良好的队伍只有保护下来，发展壮大，才能继续围绕中心工作为新疆经济社会发展做出更大贡献。

2.4 建立良好的沟通环境

地质勘查部门在围绕中心工作，努力挖掘自身潜能，服务地方经济建设的同时，要争取得到各界的支持。尤其在这轮改革的大潮中能少交"学费"，关键就在于协调沟通，通过沟通让编制部门充分了解地勘行业的情况，特别是当前地勘事业单位分类改革过程中，地勘单位面临的困境和自身特殊性，积极争取地方政府及机构编制部门的支持。只有建立了这种双方互信的沟通和协调，地勘单位才能根据地方政府要求筹划我们自身的发展。

对深化地勘单位改革的思考

卢文彬

（浙江省地质勘查局　杭州　310007）

摘　要　本文以《中共中央关于全面深化改革若干重大问题的决定》为引领，客观分析目前地勘队伍在改革与发展过程中面临的深层问题，揭示存在问题和矛盾的主客观原因，提出新一轮深化地勘队伍改革顶层设计、分类改革、先易后难、夯实基础的对策和建议。

关键词　地勘单位　改革思考

党的十八届三中全会审议通过的《关于全面深化改革若干重大问题的决定》（下称《决定》），吹响了全面深化改革的进军号。《决定》提出，深化国有企业改革，积极发展混合所有制经济，完善现代企业制度，不断增强国有经济活力；加快事业单位分类改革；让市场在资源配置中起决定性作用。这些重要论述，为地勘单位改革发展营造了良好的外部环境。

回顾半个多世纪的发展历程，我国地质找矿事业有过辉煌的业绩和丰硕的成果，也有过低谷和阵痛。2006 年《国务院关于加强地质工作的决定》出台以后，地勘事业迎来了春天，在实施找矿突破战略中迅速崛起，旌旗高扬。从地质找矿中的一次次重大发现，到矿业权的运作，从矿业开发上的一次次突破，到地勘延伸业的全面开花，无不折射出全国地勘队伍的思想解放和敢为人先的胆识，凝聚着一代又一代地勘人的智慧和心血。

但是，纵观全国地勘队伍的改革与发展，地勘单位在融入市场经济的今天，无论是体制还是机制都与市场经济发展的客观规律不相匹配。地勘队伍今后的走向与发展定位，已引起全国地勘行业的热议，从中也引申出值得思考的一些深层次问题。本文借此谈点不成熟的想法，与大家探讨。

1　地勘队伍在改革与发展中面临的问题

地勘单位从计划经济转变到市场经济漫长的发展过程中，在实践中学会"游泳"，求得了生存与发展。但是，从国有地勘队伍发展的客观情况分析，至今可以说没有一家真正脱轨转型。尽管 20 世纪末，原地质矿产部管辖的地勘队伍已全部实行属地化管理，这只是简单的从资产、人员、技术等方面的下放和重组，没有从根本上解决实质问题。国土资源部前几年曾会同国家有关部委对全国部分地勘单位的改革与发展作过深入的调研，但对下一步如何深化改革至今尚没有从国家层面出台政策性指导意见，足以说明深化地勘队伍改革的艰巨性、复杂性和长期性。笔者分析，目前制约国有地勘单位改革的深层次问题主要包括：

一是地勘队伍管理体制不顺。就全国而言，目前地勘单位大致可分为国有企事业地勘单位和极少数私企或股份制地勘单位。就管理体制分类，有中国地调局直属的地勘单位（简称"野战军"），有武警黄金地质调查部队（简称"特种军"），有属地化以后省级政府管理的地勘单位（简称"地方军"），有央企所属的冶金、煤炭、化工、建材、有色、核工等工业部门的地勘单位（简称"中央军"），有无主管部门的私企地勘单位。就领导体制分类，有归属中国地调局领导的野战军，有归属武警部队领导的特种军，有归属各省地勘（矿）局领导的地方军，有归属央企各专业地质局领导的中央军，也有极少数归属省级国土资源部门领导的地方军及为地质服务的经济实体。上述管理体制，客观上已造成资金、装备、技术力量分散，找矿资源浪费，各自为政的局面。

二是地勘队伍经营管理运作不顺。目前国有地勘单位仍是国有独资"企业"，实行的是外部事业体制，内部企业化经营管理的运作模式，即"戴事业单位的帽子，走企业化的路子"。随着事业单位管理规范化建设的不断推进，走企业化的路子已不再适应新形势的要求。事业化管理与企业化经营的问题和矛盾日益突出，诸如收入分配、人才引进、经营管理等，"事企混合"体制和机制已严重制约着地勘队伍的改革与发展。

三是地勘队伍发展的后劲严重不足。普遍存在产业结构不够合理，主导产业与支柱、延伸产业比例失调。地质找矿技术装备水平较低，中高级管理人才和专业技术人才缺乏，特别是懂地质找矿又善经营管理的领军型复合人才紧缺。职工人均净资产偏低，远离国企人均净资产标准。管理比较粗放，抵御市场风险的能力弱。"五大社会统筹"和职工住房货币化补贴，全国各省（市、区）执行参差不一，总体还没有全部到位。离退休职工队伍庞大，有的单位已占在岗职工50%以上，在没有纳入社会化管理前，经济负担过重。

四是地勘队伍延伸产业核心竞争力不强。地勘延伸产业是20世纪90年代以后，面临地质工作陷入低谷，计划内地质项目几乎中断的情况下，地勘单位为了维持队伍生存，而利用地勘技术、人才等优势走向市场，开拓出的工勘、基础施工、测绘等新兴产业。随着科技的进步、市场的规范化管理、施工资质的提升和市场竞争的加剧，地勘单位所从事的建筑、交通、市政、隧道等基础施工，如不及时进行资源整合重组和资质升级，已难以在市场上站稳脚跟，面临着转型升级的巨大压力。

五是外部环境对地质工作重视程度不一。除依赖矿产资源作为地方经济重要支撑的资源大省外，大多地方政府对地质工作公益性、基础性、战略性的认识不足，对开展地质勘查工作缺乏有力的政策和财政支持。其主要表现为：对地勘单位相应的优惠政策还未能真正到位，至今还没有形成完善的矿业资本市场、矿业权市场和矿产勘查劳务市场。受地方短期经济利益驱动，片面强调保护生态环境，申报探矿权受地方政策制约，导致申请探矿权难，申请到探矿权开展地质工作更难，导致其开展经营活动的社会环境颇为艰难。

2　原因分析

综上国有地勘单位在深化改革中面临的矛盾和问题，既有客观原因——在发展中自然会遇到不可避免的深层矛盾和问题，也有主观原因——不按科学发展和地质工作客观规律办事的人为因素。

从客观方面分析：一是国有地勘队伍的体制还没有完全理顺。存在政出多门，除现有国家级"野战军"和"特种军"外，没有必要再分设"中央军"和"地方军"。新中国成立后，当时国家急需特种矿产资源，需要分类组建专门的"中央军"。但是，经历了半个多世纪的发展，央企所属的地勘单位已失去"专业"的属性，现基本和"地方军"发展模式类同。二是目前国有地勘单位全部是"事业"属性，但实际运作按企业化管理和经营，体制和机制没有理顺。三是地勘队伍发展后劲不足，这是历史原因造成的。在计划经济时期，执行的是高度军事化、计划化的集中管理，地勘单位只负责找矿，按项目和人头足额划拨地勘费，结余的经费统统上缴，没有积累和家底库存。在市场经济时期，地勘单位靠的是财政给予人头费差额拨款（少数的全额拨款），其余的全靠拓展市场领域的收入，物质基础弱、家底薄。四是地勘延伸产业是地勘单位走向市场求生存而派生的新型产业，但延伸业特别是施工业与地勘单位的属性完全不同。

从主观方面分析：一是国家和地方政府还没有从保障国家矿产资源战略性、安全性的战略高度来谋划地勘队伍的定位。尽管 1999 年以来国务院先后出台《地质勘查队伍管理体制改革方案》、《关于加强地质工作的决定》和省一级政府有关加强地质工作、矿业权申报等一系列文件和政策规定，给地勘单位创造了良好的外部环境。但还没有从全国地勘队伍的发展现状进行顶层设计，地质工作适应市场经济的新体制和机制还没有真正建立起来。二是对地质找矿主力军的认识有偏差。认为地质找矿的主力是"野战军"和"特种军"。但实践证明，无论是资源大省还是资源小省，从事战略性、基础性、公益性地质项目和全国重点整装勘查区项目大都是"地方军"和"中央军"承担。如将"地方军"和"中央军"全部转为企业，不符合科学发展的要求。三是政事、政企分离还不彻底。部分"地方军"地勘单位还隶属于省级国土资源部门管理。四是对地勘队伍融入社会化管理缺少国家政策导向和财力支撑，导致国有地勘队伍的养老、医保等关系职工利益的大事还没有全部纳入社会统筹，遗留问题多，包袱沉重。

3 对策与建议

从上述存在的问题和原因分析，笔者以为，深化国有地勘队伍的改革已进入"深水区"和"攻坚期"。在改革中，必须按《决定》精神和科学发展观的要求，遵循"有利于地质工作发展的客观规律、有利于地勘单位改革与发展、有利于职工队伍和谐稳定"的原则，理清改革的形势和路径，因地制宜，实事求是，分类指导，稳步推进。

3.1 强化地勘队伍改革顶层设计，理顺管理体制

顶层设计，要从两个方面来考虑。一是国家层面，以法制的形式，从宏观上制定深化地勘队伍改革的总的指导思想、原则、目标、任务等政策性指导意见。比如，在管理体制上，"中央军"地勘队伍，可否考虑整体下放到省（区、市）一级，实行属地化管理。对至今仍归属省级国土资源部门管理的地勘单位，能否尽早回归到"地方军"队伍中来，实现政事、政企分离。通过必要的资源整合，建立起清晰的国家级（"野战军"、"特种军"）和省一级（"地方军"）两支地勘队伍管理体制。二是省级层面，在执行国家宏观政策性指导意见的基础上，要从微观的角度来考虑本省的矿产资源状况、地勘队伍规模、经济基础、所处环境、发展现状、改革方式等因素，制定出深化地勘队伍改革的具体政策

和举措。如"中央军"地勘队伍整体下放到省里以后，首要的任务就是整合队伍，将"中央军"分布在各省（区、市）的地勘单位统一纳入到省级地勘队伍管理部门，以局为单元进行重组和职能定位，以理顺"中央军"和"地方军"两种不同的管理体制和领导体制，优化省级地勘队伍的整体力量。

3.2　实行省级地勘队伍分类改革，创造条件转变经济发展方式

实行国有地勘单位分类改革，要从矿产资源分布的实际情况来考虑。就全国而言，有矿产资源十分丰富的省份，有矿产资源较为丰富的省份，也有矿产资源较为贫乏的资源小省。再者，随着地质工作外延的不断延伸，服务领域已拓展到、页岩气、可燃冰、浅层地温能等新型资源的勘查开发以及城市地质、环境地质、农业地质、旅游地质、工程地质等方面，大地质工作格局已基本形成。针对客观的矿产资源分布和新的服务领域的延伸，对国有地勘单位改革，必须注重实际，因地制宜，绝对不能将地勘单位全部"一刀切"转为企业化。因为，无论资源大省还是资源小省，都需要一支为经济社会发展提供资源保障和服务社会的地勘队伍。对此，地勘队伍分类改革可考虑三种模式：一是建立运作高效、人员精干的纯公益性一类地勘单位，承担先行性、基础性、公益性、战略性地质找矿任务；二是建立公益性二类服务社会的地勘单位，承担商业性地质工作和延伸领域的任务，对此类型的地勘单位的体制，可以独资，也可以引入社会资本，实行股份制；三是对今后发展方向定为企业的施工业，要按现代企业制度的要求实施改制，逐步脱离事业体制，转为企业。

3.3　深化地勘队伍改革必须先易后难，逐步推进

进入 21 世纪以来，国有地勘队伍都在积极探索"过渡期"发展的模式，也创造出内蒙古、云南、广东、陕西等地的管理体制和模式。尽管各地的改革运作方式都有很大的差异，但在探索由事业单位向企业化经营的转轨方式中，包含了许多地勘部门共同的特色。笔者以为，国有地勘单位改革具有体制和机制创新的性质，也有地区性的差异，从各地建立的管理模式看，应该说还没有从本质上转型分离，无论以局为单元的改革，还是以地勘单位为单元的改革，还没有真正脱离"事企混合"体制属性，充分说明地勘单位整体改革的艰难。因此，深化地勘队伍改革，必须先易后难，逐步推进。一要从本省、本地的实际情况出发，制订科学合理、运作可行的分类改革实施方案；二要在队伍整合重组的基础上，按地域分布和社会需求建立必要的公益一类与二类地勘单位；三要加大对地勘施工业"有进有退"的改革力度，实行优势企业和资源重组与资质升级，稳妥地推进事转企；四要按照"成熟一个、推进一个"的原则，逐步分设公益一类与二类地勘单位，并将施工业从"事业"属性中脱轨。通过科学的分类改革，使国有地勘单位能够更加紧密地与经济社会发展相结合，更加有效地为经济社会发展服务。

3.4　夯实人才、技术、物质基础，为深化地勘队伍改革做好准备

国有地勘单位要发挥自身的优势和特点，树立"地质立队、科技兴队、人才强队、创新发展"的理念，从长远的发展来考虑谋划自身的改革与发展的思路，不等不靠不要。以找矿突破和转变经济发展方式为导向，以创新驱动为抓手，积极调整和优化产业和人才

结构。做精地质找矿主业，提升科学找矿能力，逐步形成以市场为导向的地质工作新机制，推进地质找矿产业化和矿业经济实体化运作。做强地质服务业，把服务领域拓展到城市地质、环境地质、海洋地质、农业地质、旅游地质等方面，积极构建大地质工作格局。做大地勘延伸业，加大承接高端市场大项目力度，进一步拓展铁路、电力、机场、新能源等国家、省市重点工程建设项目。加强管理体系建设，以标准化、扁平化、精细化管理为基础，完善市场风险防控机制，优化激励机制。条件成熟的地勘单位，要以体制创新、机制转变为重点，对延伸业特别是施工业进行资源整合重组，推动经营管理模式、技术、服务、资质等全方位升级，打造集技术、品牌、资质、装备等优势为一体的组团型经营实体，进一步提升企业核心竞争力和企业品牌。

总之，深化国有地勘队伍改革是一项复杂、艰巨的系统工程，必须从各地实际情况出发，因地制宜，上下联动，扬长避短，统筹兼顾，科学配套，重点突破，才能让改革的各项工作落地生根，真正建立起适应经济社会发展需要的现代化新型地勘队伍。

参 考 文 献

［1］中共中央关于全面深化改革若干重大问题的决定［EB/OL］．（2013－11－12）［2014－10－11］
http：//www. scio. gov. cn/zxbd/tt/Document/1350709/1350709. htm
［2］国务院关于加强地质工作的决定［EB/OL］．（2006－01－20）［2014－10－11］
http：//www. mlr. gov. cn/zwgk/flfg/kczyflfg/200603/t20060308_ 72995. htm
［3］地质勘查队伍管理体制改革方案［EB/OL］．（1999－04－09）［2014－10－11］
http：//www. gov. cn/xxgk/pub/govpublic/mrlm/201011/t20101112_ 62620. html

产学研协同创新 努力提升地质工作整体水平

毕孔彰

（中国地质大学（北京）北京 100083）

摘 要 文章在简要回顾了近三年找矿突破战略行动的实施情况后，提出要依靠地质科技创新，推进地质工作繁荣发展。建立"协同高校的国家创新体系"、全面深化地质工作改革是实现地质工作发展、提升地质工作整体水平的根本途径。

关键词 协同创新、深化改革

1 努力打造科技创新平台

2011 年 10 月，国务院公布了《找矿突破战略的行动纲要（2011—2020 年）》，要求用 3 年时间实现地质找矿重大进展，5 年实现地质找矿重大突破，8～10 年重塑矿产资源勘查开发新格局，即 "358" 目标。在 2014 年全国探矿者大会上，钟自然总工程师说，现在第一阶段目标已经实现，成果好于预期。新发现中型以上矿产地 451 个，天然气、铀、钼、钨等发现了一批世界级的大矿，基础地质调查研究快速推进，全国矿产潜力评价顺利完成，地质找矿科技进步显著，关键技术获得突破（如，页岩气的勘查开发，我国首个大型礁石堤页岩气田已经形成）等等。我国具有地质勘查资质的地勘单位现有 2000 多家，各省地勘局和行业地勘局及其下属单位均有 1000 多家，他们已经成为地勘市场的主体。找矿、探索一体化、工程勘察、灾害防治等服务领域进一步扩大。积极实施 "走出去" 战略，积极开拓欧洲、加拿大、澳大利亚资本市场，承包地质勘查工程和劳务合作，做大做强了地勘经济。

面对全面建成小康社会、实现中华民族伟大复兴、强劲 "358" 战略的进一步实施的资源需求成为地质工作强大的市场动力；新型工业化、城镇化、信息化与农业现代化和生态文明建设为地勘工作提出了新要求也提供了新舞台；全面深化改革的决定为实现地质找矿重大突破、重塑矿产资源勘查开发新格局进一步激活了地质市场，树立大地质观，建立从微观到宏观到宇观，从地表到地下到空间的地球系统科学，这些都为我们提供了新的机遇。

面对新时期新任务，我们一定要努力建设地球科学技术创新体系，不断提高推动地球科学发展的创新能力；一定要加强地学领域的基础理论研究和前沿研究，着力解决资源环境领域重大科技问题，推进成矿理论、勘查开发、综合利用的技术创新；一定要打造科技创新平台，建设一支过硬的人才队伍，努力推进地质工作繁荣发展。

在 2014 年的院士大会上，习近平总书记提出，当前，科技创新的重大突破和加快应用极有可能重塑全球经济结构，使产业和经济竞争的赛场发生转换。他说，科技创新就像撬动地球的杠杆，总能创造令人意想不到的奇迹。因此，十八大做出了实施创新驱动发展战略的重大部署。这是一个系统工程。

要科技创新，就"必须深化科技体制改革，破除一切制约科技创新的思路障碍和制度藩篱"。习近平总书记提出，多年来，我国一直存在着科技成果向现实生产力转化不力、不顺、不畅的痼疾，其中一个重要症结就在于科技创新链条上存在着诸多体制机制关卡，创新和软化各个环节衔接不够紧密。他说："要着力加强科技创新统筹协调，努力克服各领域、各部门、各方面科技创新活动中存在的分散封闭、交叉重复等碎片化现象，避免创新中的'孤岛'现象，加强建立健全各主体、各方面、各环节有机互动、协同高效的国家创新体系。"

习近平总书记的讲话，说明了科技创新的伟大意义，提出了科技创新、科技体制和机制上存在的问题，提出了改革的方向，并提出了建设"协同高校的国家创新体系"，大力推进科技创新。

这些重要的指导思想对于推进地质工作繁荣发展具有十分重要的意义。

协同创新，就是紧紧围绕创新目标，以多元主题，相互协同互动为基础，各方面各环节多元创新因素积极协助、互相补充、有机配合协作的创新行为。

协同创新的目标，是"国家急需，世界统一"。协同创新要解决国家急需的战略性问题、科技创新领域的尖端的前瞻性问题、涉及国计民生的重大公益性问题。

协同创新强调依靠人才、学科、科研三位一体的创新能力的提升。

协同创新强调要打破"各领域、各部门、各方面科技创新活动中存在的分散封闭、交叉重复等碎片化现象"。

协同创新要实施创新驱动战略，协同创新要与地质经济、行业领域相结合。例如，"首都世界城市顺畅交通协同创新中心"，由北京工业大学牵头，整合北京交通大学、清华大学、北京市交通委员会、北京市路桥建设控股（集团）有限公司等 9 家单位共同运作，（作为应用数学基地，以解决城市交通，工程技术等方面的实际问题）。

"非常规油气协同创新中心"由中国石油大学牵头，整合东北石油大学，西南石油大学及中石油、中石化、中海油的石油企业，及其工程技术中心等，……着力解决行业面临的战略性、前瞻性的关键技术问题。

"林木资源高效培育与利用协同创新中心"由北京林业大学牵头，整合国家林业局速丰办、中国林科院、竹藤中心、东北林业大学、南京林业大学等，并依托林木育种国家工程实验室等平台，开展国家重大战略问题和重大公益项目的创新研究。

"食品安全与营养协调创新中心"由江南大学牵头，整合地方资源，依托食品科学与技术国家重点实验室等……

下表是 2013 年 4 月首批认定的几个国家协同创新中心的基本情况：

中心名称	牵头高校	解决重大需求	创新要素与资源汇集	机制体制改革
绿色制药协同创新中心	浙江工业大学	解决制药产业的重大问题，协同培养制药产业的拔尖创新人才，共同建设制药领域的科技创新支撑体系。	该中心汇集了院士、千人计划、长江学者、国家杰青、浙江省特级专家队伍，拥有中国工程院院士 3 名，千人计划 6 名（企业），长江学者 1 名，国家杰出青年 1 名，3 个浙江省创新团队。	该中心建立了以产业链为纽带的互利共赢机制；构建了不同创新成员单位之间的开发共享机制；建立了绩效评价和激励机制。
天津化学化工协同创新中心	天津大学	在能源、资源、环境健康等领域展开原始性、前瞻性创新研究。	该中心的两校已投入 3.2 亿元专项经费用于中心试运行，聘请加拿大工程院院士等海外化学化工权威学者 3 人，汇集两校及合作单位专家 200 余人，包括院士 12 人，国家千人计划 10 人，长江学者及杰出青年 26 人，拥有 4 个国家重点实验室及 12 个省部级研究基地。两校共设"分子科学与工程"本科专业培养学生，与研究院所开展研究生联合培养，与行业企业共建"石油化工技术开发中心"，并培养专业技术人才。	该中心通过并试行了科研评价管理、人事管理、考核评价、资源共享、人才培养等 13 项机制体制改革文件。
先进航空发动机协同创新中心	北京航空航天大学	解决航空发动机在基础研究、预先研究、产品使用、产品退役过程的系统研究。	该中心汇集了 100 余位海内外知名专家，6 只国家级创新团队，构建了 8 个互相协同的创新团队，由北京航空航天大学和中国航空工业集团紧密协同，共同开展学历教育和航空发动机专业的学生培养。	该中心通过协同管理、人员聘任及考核、学生联合培养和学分互认、协同研究、资源共享、成果共享、合作交流、创新文化建设等方面改革，构建协同创新模式和机制。目前该中心实行虚拟股份制、全面实施岗位职务聘任制。

4 协同创新重在建设

要形成面向国家需求的学科建设机制。北京交通大学提出，"优势学科发展壮大，特色学科与时俱进，新兴交叉学科异峰突起，基础学科重点突破"的发展思路。中国石油大学提出："强优、拓新、入主流、求卓越"的建设思路；总的说，就是做强做精特色优势学科，结合国家需求，催生衍生新的学科方向。建设生命力长久的特色学科群，提升对接国家需求的能力；还要加强学科战略规划，使学科专业结构布局体现科学技术的发展方向。

要加强人才队伍建设。我们当前存在的问题是，创新型科技人才结构性矛盾突出，科技大师缺乏，领军人才、拔尖人才不足，工程技术人才培养同生产和创新实践脱节。拥有一大批创新型青年人才，是国家创新活力之所在，也是科技发展希望之所在。为此，总书记提出，"要在全社会积极营造鼓励大胆创新、勇于创新、包容创新的良好氛围，既要重视成功，更要宽容失败，完善好人才评价指挥棒作用，为人才发挥作用，施展才华提供更加广阔的天地"。

要形成合作共赢的协同机制、产学研的协同创新，强调的就是破除制约科技创新的思路障碍和制度藩篱，破解不同协同主体间的体制壁垒，建立科学有效的认识管理体系，实现开放共享、互利互惠、持续发展、协同创新，突出学科交叉融合，强调团队协同作战，为了"国家急需，世界一流"，实现人才、学科、科研全面提升。

5 有关矿产资源勘查的"协同创新"正在启动

5.1 紧缺矿产资源勘查协同创新中心

自 2013 年底开始酝酿，2014 年 4 月"紧缺矿产资源勘查协同创新中心"正式成立了理事会、战略咨询委员会、学术委员会，钟自然任理事会理事长，该中心由中国地质大学牵头，整合中国地质调查局、中国地质科学院、中核集团、中国黄金集团公司、洛阳栾川铜业集团股份有限公司、云南锡业集团有限公司、中科院地质所、中国石油大学、中国矿业大学、吉林大学、中南大学等资源，以紧缺矿产资源勘查开发利用作为协同创新方向。该中心拟定了"章程"，有关委员会制定了工作条例，制定了"人才资源汇聚与管理暂行办法"、"科技保障资源汇聚与管理暂行办法"、"资金汇聚与管理暂行办法"、"面向行业企业创新人才培养方案"等。正在申报"国家 2011"计划。

5.2 深部地质矿产勘查产业技术创新战略联盟

该联盟于 2011 年成立，2013 年 10 月列入科技部试点联盟名录，2014 年 6 月正式启动。

创新战略目标是：建立深部地质矿产勘查技术体系；解决我国深部资源勘察的重大关键技术问题；提升勘查技术与装备国产化水平。

该联盟由中国地质装备集团有限公司牵头，由地调局物化探所、勘探所、探矿所、探矿工艺所、地质实验测试中心、南京地调中心、郑州综合所、中国地质大学（北京）、中国地质大学（武汉）、吉林大学、成都理工大学、核工业航遥中心、河北、河南、贵州地矿局等 17 家成员单位组成。

该联盟"以创新项目为载体，产、学、研、用相结合，优势互补，义务共担、成果共享"，促进成果转化，推进产业技术创新能力。

6 要进一步解放思想

建立地球系统科学，建立数字地球，建立地质与生态模型……在地质调查工作、地质找矿工作中有大量的与国计民生息息相关的课题，都需要协同创新。因此，建立"协同高效的国家创新体系"，即"协同创新"，是非常必要的，但也是很不容易的。要想克服各领域、各部门、各方面存在的各种利益藩篱，使各方面各环节有机地互动起来，不打破思想障碍，没有强有力的领导与体制机制上的改革措施是很难实现的。

协同创新也好，战略联盟也好，要想取得成功，解放思想是首要的。总书记说："在深化改革的问题上，一些思想障碍往往不是来自体制外，而是来自体制内。思想不解放，我们就很难看清各种利益固化的症结所在，很难找准突破的方向和着力点，很难拿出创造性的改革举措。"

党的十八届三中全会做出了《关于全面深化改革若干重大问题的决定》，今年是全面深化改革元年，我们期待着中国地质调查局、中国地质科学院实施全面深化改革、深度融合，建成国际一流地质调查科研机构，建成国家级水平地质科技智库，实现地质科技跨越发展，努力培养地质科技创新人才。

参 考 文 献

[1] 钟自然. 认清形势 找准位置 锐意改革 开拓创新——在 2014 全国探矿者年会上的讲话 [EB/OL]. （2014 - 06 - 03）[2014 - 10 - 11]
http：//www. mlr. gov. cn/xwdt/jrxw/201406/t20140603_ 1319236. htm

[2] 教育部公示 2012 年度"2011 协同创新中心"名单 [EB/OL]. （2013 - 04 - 11）[2014 - 10 - 11]
http：//gaokao. eol. cn/gxph_ 2922/20130411/t20130411_ 929674. shtml

把生态文明理念融入地质工作的思考

宋建军

（国家发改委国土开发与地区经济研究所 北京 100038）

摘 要 党的十八大提出把生态文明建设同经济建设、政治建设、文化建设和社会建设并列，作为中国特色社会主义事业"五位一体"总体布局的重要组成部分，反映了党和政府对生态文明建设的高度重视。地质工作作为经济社会发展的先行性和基础性工作，应把生态文明理念融入地质工作的全过程。本文阐述了生态文明的基本特征，生态文明建设的主要任务，围绕如何把生态文明理念融入地质工作全过程，提出了提高地质工作效率、拓宽服务领域、健全矿产勘查市场体系、创新地质工作管理制度等建议，使地质工作更好地服务于经济发展和民生改善。

关键词 生态文明 地质工作 思考

生态文明是继原始文明、农业文明和工业文明之后一种新的文明形态，是尊重自然、顺应自然、保护自然，注重人与自然和谐的现代文明形态。党的十七大首次把生态文明作为全面建设小康社会的新要求之一；党的十八大又明确提出了把生态文明建设同经济建设、政治建设、文化建设、社会建设并列，作为建设中国特色社会主义的总任务，凸显了生态文明建设的重要性和紧迫性。地质工作作为先行性和基础性工作，服务于经济社会发展的各个方面，要认真贯彻党的十八大精神，把生态文明理念融入地质勘查规划制定、基础地质调查、矿产资源勘查、水工环地质调查评价等地质工作全过程。

1 生态文明和生态文明建设

文明是人类文化不断发展的成果，是人类改造客观世界的物质和精神成果的总和，代表了人类社会的发展方向。生态文明以自然资源和环境承载力为基础，以可持续发展政策为手段，以尊重自然规律为准则，以构建人与自然和谐发展为宗旨，以引导人们走上持续、和谐的发展道路为着眼点，强调人与自然和谐，强调经济发展与资源环境相统一，强调代际公平和生态文化，是遵循自然规律的文明形态。

1.1 生态文明的基本特征

生态文明具有三个基本特征：首先，生态文明是一种积极向上、良性发展的文明形态。通过提高自然资源综合利用率来提高人类顺应自然、开发自然和修复自然的综合能力，以此实现人与自然的和谐、健康、永续发展。第二，生态文明是一种可持续发展的文明形态。不仅包括人类自身的可持续发展，还包括自然的可持续发展。第三，生态文明是一种科学的、自觉的、高级的文明形态。生态文明不仅有哲学上的自觉，还有科学上的自觉，是以科学技术发展为基础，自觉地转变思维观念和发展模式。

生态文明的核心是尊重自然、顺应自然、保护自然。要摒弃过去那种不顾资源环境条件、片面追求经济增长的发展思路，以长远的眼光、敬重的心态，思考人与自然的关系，树立人与自然和谐相处的价值观，遵循和顺应自然规律，在发展中充分考虑资源环境承载能力，保护自然环境和生态系统，逐步减少生态赤字，实现人与自然和谐共生。

1.2 生态文明建设的实质

生态文明建设的实质是把生态文明建设融入经济建设、政治建设、文化建设、社会建设的各个方面和全过程。推进生态文明建设，要与物质文明、政治文明、精神文明建设相结合，在经济建设、政治建设、文化建设、社会建设的各个领域进行全面转变，推动形成人与自然和谐发展的现代化建设新格局。在经济建设方面，要统筹考虑当前利益和长远发展、局部利益和整体利益的关系，改变唯经济总量、把发展等同于经济增长的发展观，注重经济增长的质量和效益，特别要重视代际间的持续发展，不仅要考虑当代人的发展，更要为子孙后代永续发展留下足够的发展空间。在政治建设方面，要把生态文明建设作为政绩考核的重要指标，把资源消耗、环境质量、生态效益等纳入经济社会发展评价体系，加强生态文明制度建设。在文化建设方面，必须树立和弘扬生态文明主流价值观，弘扬崇尚自然、人与自然和谐的传统文化，加强生态文明宣传教育，增强全民节约意识、环保意识和生态意识。在社会建设方面，要倡导全社会广泛参与，形成政府、企业、民间组织、公民共同推动生态文明建设的新格局。

2 生态文明建设的主要任务

生态文明建设必须对工业文明所造成的资源短缺、能源危机、环境污染、生态破坏等问题进行有效治理。根据党的十八大对生态文明建设的总体要求和战略部署，当前和今后一段时期，生态文明建设有以下主要任务。

2.1 优化国土空间开发格局

按照人口、资源、环境相协调，经济、社会、生态效益相统一的原则，控制开发强度，调整空间结构，促进生产空间集约高效、生活空间宜居适度、生态空间山清水秀，给自然留下更多修复空间，给农业留下更多良田，给子孙后代留下天蓝、地绿、水净的美好家园。一是加快实施主体功能区战略。引导人口、经济分布与资源环境承载力相适应，加快构建"两横三纵"为主体的城市化格局，构建"七区二十三带"为主体的农业发展格局，构建"两屏三带"为主体的生态安全格局，逐步形成人口、资源、环境相协调的国土空间开发格局，推动整个社会走上生产发展、生活富裕、生态良好的文明发展道路。二是加快完善区域发展政策。按照实施区域发展总体战略和主体功能区战略的要求，完善财税、投资、产业、土地等政策，加大对农产品主产区、中西部地区、贫困地区、重点生态功能区、自然保护区的财政转移支付力度，进一步扩大绿色生态空间。三是坚持陆海统筹布局。把握好陆地国土空间与海洋国土空间的统一性，以及海洋生态系统的相对独立性，强化海洋意识，发展海洋经济，保护海洋生态环境，维护国家海洋权益，建设海洋强国。

2.2 全面促进资源节约

资源节约是生态文明建设的重中之重，资源短缺的基本国情和非安全因素增加的基本态势，决定了在发展中必须高度重视资源节约和保护，把节约放在首位，着力推进资源节约集约利用，提高资源利用效率，杜绝资源浪费。要坚持节约资源的基本国策，坚持节约优先的基本方针。节约集约利用资源，推动资源利用方式根本转变，加强全过程节约管理，大幅降低能源、淡水、土地消耗强度，提高利用效率和效益。推动能源生产和消费革命，支持节能低碳产业和新能源、可再生能源发展，确保国家能源安全。加强水源地保护和用水总量管理，建设节水型社会。严守耕地保护红线，严格土地用途管制。加强矿产资源勘查、保护、合理开发。发展循环经济，促进生产、流通、消费过程的减量化、再利用、资源化。

2.3 加大自然生态系统和环境保护力度

环境保护是生态文明建设的关键所在。日趋严峻的环境形势和日益强烈的公民环境意识，决定了在发展中必须高度重视环境保护和治理，把保护放在首位，加大环境保护力度，坚持预防为主、防治结合、综合治理，以解决损害群众健康突出环境问题为重点，强化水、大气、土壤等污染防治。生态保育是生态文明建设的希望所在，生态保育既包括生态系统的保护和修复，也包括生态服务的提高和完善，生态由人工建设为主转向自然恢复为主，加强生态保护和修复，对重点生态破坏地区尊重自然规律，采取封育、围栏、退耕还林、退耕还草等措施，恢复生态。要实施重大生态修复工程，增强生态产品生产能力，推进荒漠化、石漠化、水土流失综合治理。加快水利建设，加强防灾减灾体系建设。坚持共同但有区别的责任原则、公平原则、各自能力原则，同国际社会一道积极应对全球气候变化。

2.4 加强生态文明制度建设

制度创新是生态文明建设的重要保障。党的十七大以来，我国在生态文明制度建设方面取得了长足的进步，但同生态文明建设的总体要求相比，现行资源、环境、生态及国土管理制度仍有诸多问题和缺陷。为此，迫切需要加大制度创新力度，以保障生态文明建设持续、有序、健康推进。建立体现生态文明要求的目标体系、考核办法、奖惩机制，把资源消耗、环境损害、生态效益纳入经济社会发展评价体系。建立国土空间开发保护制度，完善最严格的耕地保护制度、水资源管理制度、环境保护制度。深化资源性产品价格和税费改革，建立反映市场供求和资源稀缺程度、体现生态价值和代际补偿的资源有偿使用制度和生态补偿制度。加强环境监管，健全生态环境保护责任追究制度和环境损害赔偿制度。加强生态文明宣传教育，增强全民节约意识、环保意识、生态意识，形成合理消费的社会风尚，营造爱护生态环境的良好风气。

3 把生态文明理念融入地质工作的建议

党的十八大提出的生态文明建设对地质工作提出了新的、更高的要求，地质工作不仅要为经济社会发展提供资源保障，还要为资源保护和生态环境改善提供技术支撑。根据党的十八大对生态文明建设的总体要求和战略部署，围绕优化国土空间开发格局、全面促进资源节约、加大自然生态系统和环境保护力度、加强生态文明制度建设四大核心任务，在地质工作规划制定、基础地质调查、矿产资源勘查、水文工程环境地质调查评价等地质工作中切实融入生态文明理念，深化地质工作管理制度改革，为经济社会可持续发展提供全方位、宽领域、多层次的服务。

3.1 提高地质工作效率

在地质工作中牢固树立生态文明理念，实现人与自然协调发展。首先，制定中长期全国地质工作规划。根据各地地质工作基础、主体功能定位和经济社会发展水平制定全国中长期地质工作规划。通过规划明确地质工作发展目标、各类地质工作的重点任务和保障措施，协调资源勘查与生态保护的关系，统筹全国地质工作布局。二是统筹陆海地质工作。破除"重陆轻海"的传统观念，树立海洋国土意识，把海洋资源作为国土资源的重要组成部分，确立海陆整体发展的战略思维。加快开展小比例尺和重点海域中比例尺海洋地质调查评价，实现国家管辖海域区域地质调查全覆盖，逐步开展深远海特别是专属经济区和大陆架海洋资源调查。三是推进矿产资源综合勘查评价。在勘查单一矿种的同时，对共伴生矿产进行全面勘查和评价，最大限度发现各种矿产资源，提高矿产勘查工作效率。加快建立矿产资源综合勘查评价的激励和约束机制。四是加快地质科技创新。积极开展重大地质问题科技攻关，突出重点矿种和重点成矿区带地质问题研究。健全鼓励创新的机制，推进成矿理论、找矿方法和勘查开发关键技术的自主创新。

3.2 拓宽地质工作服务领域

根据生态文明建设和《全国主体功能区规划》的要求，实现地质工作的战略性转变，从资源保障为主向资源、环境并重转变，从服务经济发展为主向服务经济发展、社会发展和环境保护并重转变，逐步调整地质工作结构，拓展服务领域。一是推进重要经济区和城市化地区环境地质、水文地质、城市地质、浅层地温能、地热、地下空间资源、地质灾害隐患区调查，加快管辖海域海洋地质综合调查，为拓展发展空间，优化国土空间开发格局提供依据。二是加强"两横三纵"城市化地区地下水污染、农产品主产区土壤污染调查监测，服务城市发展、生态农业发展和环境治理与保护。三是开展典型流域、重点城镇地质灾害调查评价，地面沉降调查和区域稳定性评价，提高地质灾害防御能力。四是开展重点生态功能区矿产资源勘查开发与生态保护的关系研究、找矿过程中的地质环境效应研究及矿山开发条件研究。推进水土流失区、石漠化区综合调查，矿山地质环境调查，促进生态治理、恢复与保护，为国土空间的优化利用、人居环境适宜性评价和工程建设提供科学依据。

3.3 健全矿产勘查市场体系

同发达的市场经济国家相比,我国地质工作市场化程度不高、市场体系不完善。一是规范矿业权市场。建立全国统一、开放、有序的矿业权市场。对不同风险的探矿权实行差别化对待,规范探矿权准入条件和转让行为,鼓励各类投资主体平等进入矿产勘查市场,实行探矿权退出制度。二是加快建立风险勘查资本市场。借鉴加拿大、美国等发达国家矿产风险勘查投资的经验,培育矿产勘查风险投资市场,解决矿产勘查长期投入不足的困境。研究适合我国国情的勘查风险投融资公司设立条件,权利、义务和运作机制,鼓励风险勘探投资、资本与技术结合、探采一体化。三是构建以市场为导向、产学研相结合的勘查技术创新体系。实行地质找矿技术原始创新、集成创新和引进消化吸收再创新并举,注重地质科技协同创新。加强创新能力建设,建立地质科技国家重点实验室、地质工程技术中心、野外科学观测基地,打造科技创新平台,推进地质科技资源开放共享。建立鼓励原始创新、成果转化的激励机制,营造地质科技创新的良好氛围和宽松环境。四是完善勘查技术服务市场体系。发挥地质技术优势,培育地质技术、信息、劳务等服务市场,通过咨询机构、行业协会提供市场信息,并加强行业自律。五是推进地勘队伍重组。组建若干技术力量雄厚的地勘集团,培养一批懂业务、熟悉国际经营的地勘队伍,提高地质工作的国际竞争力和全球矿产资源的掌控能力。

3.4 创新地质工作管理制度

党的十八大报告首次提出生态文明制度建设,凸显出制度建设将成为推进生态文明建设的重要保障。就地质工作而言,需要创新管理制度,以保障生态文明理念融入到地质工作的方方面面。以矿产资源保护和节约为核心,完善地质调查和矿产资源勘查的综合调查评价制度、探矿权顺畅流转制度、地质工作绩效评价和激励约束制度、公益性地质资料共享制度、探矿权评估管理制度、注册地质勘查师制度等。根据矿产资源属于国家所有的法律属性和社会属性,落实全民所有资产所有权,将所有权管理贯穿于矿产资源管理全过程,加强矿业权设立和终止管理;明确矿业权边界,保障矿业权人的合法权益,包括从探矿权取得采矿权的权益,在矿业权市场上依法流转的权益等。

参 考 文 献

[1] 胡锦涛. 坚定不移沿着中国特色社会主义道路前进,为全面建成小康社会而奋斗——在中国共产党第十八次全国代表大会上的报告(2012年11月18日),北京:人民出版社,2012
[2] 解振华. 深入学习贯彻党的"十八大"精神加快落实生态文明建设战略部署[J]. 中国科学院院刊,2013(2):132~138
[3] 白春礼. 科技支撑我国生态文明建设的探索、实践与思考[J]. 中国科学院院刊,2013(2):125~131
[4] 王毅. 推进生态文明建设的顶层设计[J]. 中国科学院院刊,2013(2):150~156
[5] 吴瑾菁,祝黄河. "五位一体"视域下的生态文明建设[J]. 马克思主义与现实,2013(1):157~162
[6] 张润丽,罗晓玲. 国外地质工作管理体制和运行机制的经验与启示[J]. 资源与产业,2011(4):88~92
[7] 何贤杰. 关于改革和完善矿产资源管理若干重大问题的认识和建议[J]. 国土资源情报,2012(5):8~11

地质工作之战略思维

戴明元

（中国地质调查局武汉地质调查中心　武汉　430205）

摘　要　本文对地质工作之战略思维进行了阐述，指出地质工作的两大主要任务就是寻找矿产资源和探寻人居地质环境。

关键词　地质工作　战略思维

学习十八大精神，谋划地质工作的发展，首先要提高我们的思维能力。思路决定出路，思维水平决定工作水平。战略思维是科学的思想方法。以战略思维思考当下的地质工作，就是从全局的高度，以发展的眼光，在整体上把握地质工作的发展方向。

地质工作或地质调查，按照伟人毛泽东同志的定义就是"地下情况侦察"。其主体是地勘队伍，客体是地球，说得更具体点就是地壳。主要目的是探索、认识和了解地壳的物质成分和内部结构，掌握其运动（发展）规律，为人类生存提供必需的矿产资源与稳定良好的地质环境。

地质工作的两大主要任务就是寻找矿产资源和探寻人居地质环境，这是国家与社会需求，也是我们工作的全部，一切事务均为之展开。面对国家稀缺的能源等矿产资源和近乎恶劣的地质环境，我们该做些什么、怎么做？这是我们的责任，也是我们的天职。我们唯有勇于承担。

先说矿产资源。按照国土资源部副部长汪民在 2012 年所做的分析：过去 10 多年来，国内矿产资源消费保持两位数增长，石油、铁、铜、铝、钾盐等大宗矿产的进口量大幅攀升，对外依存度居高不下。2011 年消费石油 4.7 亿吨、煤炭 37.27 亿吨、铁矿石 30.45 亿吨；主要矿种对外依存度进一步上升，分别为：石油 56.7%、铁矿石 56.3%、铝 61.4%、铜 71.3%。我国已成为世界上煤炭、钢铁、氧化铝、铜、水泥、铅、锌等大宗矿产消耗量最大的国家，石油消耗量居世界第二位。未来 10 年，矿产资源需求仍将呈现刚性上升态势，资源短缺对我国经济社会发展的约束将进一步增强。据对 45 种主要矿产可采储量保证程度分析预测，到 2020 年，有 25 种矿产将出现不同程度的短缺，其中 11 种为国民经济支柱性矿产。按现有查明资源储量与预测需求量分析，我国石油、铁、铜等大宗矿产品对外依存度仍将处于较高水平。这就是现状。它倒逼我们必须通过艰苦不懈的努力，积极主动、团结协作、联系实际，充分认识客观成矿条件，综合运用多种有效技术方法手段，发现更多更大的矿床，满足社会日益增长的需要。

再说地质环境。地质环境是地球（岩石圈）演化的产物。岩石在太阳能作用下，使固结的物质释放出来，参加到物质大循环中去。地质环境为我们提供了大量的生产资料。随着科学技术水平的不断提高，人类对地质环境的影响也更大了，一些大型工程直接改变了地质环境的面貌，同时也诱发一些地质灾害，如崩塌、滑坡、泥石流、地面塌陷、地裂缝、水土流失等，对人类生存环境造成直接破坏。面对这样的地质环境，我们首先要编制好土地利用总体规划，充分考虑地质灾害防治要求，在实施矿产资源开发以及水利、交通、能源等重大建设工程项目时，尽可能避免地质灾害的发生或减轻其造成的损失。对地质环境风险区开展地质灾害勘查与危险性评估，建立地质灾害监测网络和预警信息系统进行动态监测。确需治理的地质环境，及时提出科学合理的建议方案。

地质工作是一项基础性与前瞻性的工作，是其他一些工作的前提，必须事先开展。尽管在对外开放的环境中可以充分利用内外两种资源，但我们一定要把家底弄清楚，"立足国内"做好工作。另外，全面认知国土范围内的地质环境也是我们责无旁贷的事，必须做得更深入、更仔细、更精准。地质工作是高尚的事业，献身地质事业无尚光荣。

珍惜矿产资源以保障中国千年持续发展有必须的物质基础

陶维屏

（中国建材地质勘查中心 北京 100035）

摘 要 在中国 7000 年的历史中，直至 20 世纪 50 年代时近地表的非金属矿还大都保存得比较完好。但近几年再去野外，发现参与找矿勘查和曾经考察过的许多矿山已经采空。非金属矿在近 60 年里新矿种、新用途的开发很快，所以非金属矿资源是民生和国力的保障。近 60 年历史中的某些不当政策引发对地表非金属矿的无序采挖从而造成了对资源的严重破坏。要尽快改变观点，制定相应政策，保护还剩下的资源，使其能保障我国长远领先发展的资源需求。

关键词 非金属矿资源 近地表资源采空 保护资源

1 六十年间非金属矿产资源的损失触目惊心

自 20 世纪 50 年代中期参加地质勘查工作，已经过去将近 60 年。记得早期野外工作时，到处青山绿水，偶尔可见 3000 年来古人采矿的遗迹，表现为一些浅而小的隐蔽于绿荫丛中的小小矿渣堆和山崖陡壁上的一米来高的矿峒。

近几年有机会前往一生中曾经参与找矿勘查或指导地质工作，以及曾考察过的许多矿山，如 20 世纪 50 年代参与找矿勘查的北京九龙山和山西两渡煤矿，60 ~ 70 年代指挥地质勘查工作的江西上饶下高洲高岭石叶蜡石矿和苏州阳山东麓灰岩喀斯特溶洞型高岭土矿、浙江玉山和江苏栖霞山的优质石灰岩矿、江西九江的湖沙以及山东的一些晶质石墨矿，80 年代曾考察过的新疆阿尔泰和内蒙古土贵乌拉的白云母矿等矿产，发现这些矿山在不到 60 年的时间里均已开采一空，只留下一片荒凉的采空区遗迹，有的甚至采矿遗迹都已湮灭。

我一生每年参与或指挥勘查的矿山一般有四五个，总数约为二三百个。想到这么多我曾参与过的矿山，在我过世之前，其中多数竟然会在地球上消失一空，瞬间，使我从曾有的对从事地质勘查工作为国家和社会建设寻找宝贵矿产资源而尽力的慰藉感，突然为一种作为参与破坏地球自然环境和国家珍贵资源的帮凶的犯罪感所替代。这个落差，实在是难以忍受！真是使人悔恨不已！

"山峦峰嶂孕石器，江河万里堆玉砂；兴安岭前黑龙（指石墨）潜，高岭村边陶殖（高岭土古称）稀。矿脉湮灭余裸坑，海事勘查助周虐；资源散尽人何处？志书累叠催人咽。"这是我在参与《地质志》非金属矿部分编写工作时写下的几句感慨。

就中国而言，从洪荒的石器时代迄今已有七千来年的历史。原始社会的始祖们最先用来的作为工具的石块就是现代的非金属矿卵石，这远远早于人类对金属与油气资源的利用。其间，三千来年的有史时代，对非金属矿的开发利用都是有一定限度和节制的。只是在最近六十年，也就是从 20 世纪 50 年代迄今，由于种种原因，成为了对非金属矿资源开采与破坏最可怕的年代。

矿产资源是在几亿至几十亿年之前在地球的形成与发展过程中产生的，而开采破坏它只要十来年至多三五十年工夫。破坏了的矿产资源是永不再生的。据我了解，我国目前除了在交通不便的大山深处外，近地表赋存的非金属矿产大都已被采空或即将被采空。

迄今为止，中国已开发利用（包括曾开发利用而现在已为其他矿种替代或已采尽）的非金属矿产共有 130 种（不包括作为宝石、玉石和彩石的非金属矿物和岩石）。这 130 种非金属矿有的在洪荒的石器时代已为原始人类利用，极大多数是近百年，甚至是近六十年内开发的。

上面指出的八九个不同矿种的采空矿山只是我偶尔有机会再访造才发现的。不可能对我曾参与地质工作的矿山都去做一个调查。这里，为这几个矿山的发现、勘查、开发以至采空湮灭的过程做一个最粗略纪录，不仅是撰写记录了一段历史，更是对地球如何哺育人类，人类应该如何珍惜和回报地球的养育之恩的一个深沉思考，也供后人思索和警觉，希望能弥补这一代人的失误于万一！

2 新的时代，新的矿种和矿种新用途的开发将是国力和民生的保障

非金属矿是每个矿种都有诸多用途，且其用途随着科技进步不断变化与增加的矿产。新的时代，新的矿种和矿种新用途的开发将是国力和民生的保障。

近二十年来非金属矿在高科技、军工、航空、航天等各方面的用途日新月异。以石墨为例，在 1987 年 9 月版的《矿产工业要求手册》中有关其用途阐明为："铸件涂料、坩埚和耐高温石墨砖、窑炉保护渣、机械润滑剂、电极、高电阻制品、电话机零件、化学工业和轻工业的稳定性材料和橡胶塑料油漆油墨的充填剂和防腐剂、人工金刚石原料、原子反应堆的减速剂和防辐射材料、人造卫星潜艇飞机材料。"但目前，由石墨制成的石墨烯已成为世上最薄、最坚硬的纳米材料。

石墨烯是一种稳定材料，在发现石墨烯以前，大多数物理学家认为，热力学涨落不允许任何二维晶体在有限温度下存在。所以，它的发现立即震撼了凝聚态物理界。石墨烯是一种比硅更优良的半导体材料。它具有比硅高得多的载流子迁移率（200000cm/V），是纳米电路的更理想材料，也是验证量子效应的理想材料。如果 20 世纪是硅的世纪，石墨烯则是 21 世纪新材料的代表；它在很多领域可以以更优异的性能将硅取代。两位最早发现并揭示石墨烯独特性质的科学家因此得了诺贝尔物理学奖。石墨烯是目前具有最强导电性能、极强的透光性、高强度和极轻薄等特性的材料，用于航天军工、电子工业、生物学、半导体、超级电容器、新能源、快速电子传导及防菌（细菌无法在其上生长）等领域。未来的计算机芯片材料可能是石墨烯而不是硅。电子在石墨烯中的传导速度比硅快 100 倍，这将为高速计算机芯片和生化传感器带来诸多进步。另外还试制成功了石墨烯新型晶

体管，可大幅降低纳米元件特有的噪声。

在非金属矿产之外，稀土、页岩气、可燃冰，或因资源的稀有，或因是解决国民经济的重要资源，或因是新发现的有重大意义的，近期都受到有关国家的高度关注。

3 珍惜资源，对其高度有序的保护性开发利用是保障我国长远领先发展的唯一途径

在过去的 60 年中，由于对保护与珍惜矿产资源认识不足，曾几度引发非金属矿产资源的大量无序开采而被破坏。即使一般的鼓励地质勘查、鼓励开发开采也是对非金属矿产资源消耗的一种促进。目前我国浅表的非金属矿资源已经不多，要倍加珍惜。而目前非金属矿只要登记即可开采和采矿权的分级分属的管理并大量出口，对控制宝贵资源的损耗是毫无办法的。珍惜资源，高度有序的保护性开发利用是保障我国长远领先发展的唯一途径。

因此，建议我国中央政府在还来得及的时候，改变政策，用全力保护还残存的一些非金属矿资源。一是成立专门机构控制全国所有非金属矿的采矿权。二是不经该机构批准的非金属矿山一律不得开采。三是制订法律，非法偷采者应处重刑。希望今后我国能珍惜矿产资源，对其高度有序的保护性开发利用是保障我国长远领先发展的唯一途径。

参 考 文 献

[1] 陶维屏．中国地质科学五十年［M］．武汉：中国地质大学出版社，1999
[2] 邵厥年，陶维屏．矿产资源工业要求手册［M］．北京：地质出版社，2010

资源危机与未来的地质学

孙文鹏

（核工业北京地质研究院　北京　100029）

摘　要　进入新世纪，资源危机日益成为持续发展的瓶颈而引人关注。有人寄希望于能指导找矿的地质学来化解资源危机。由于地质学以（长于解决简单线性问题的）分析逻辑方法为工具，对于复杂、多变的找矿与预测并非所长，它无力担当化解资源危机的重任；造成资源危机的元凶是追求"利润最大化"和刺激消费。因此，资源危机是资本主义制度的产物，唯有社会主义制度能做到按自然规律发展经济，由于发展社会主义经济的目的是造福全民，所以它能做到近期与长远利益、需要与可能的统一，而不会出现资源危机。我国当前的资源问题乃是由于受外部感染所致，根治的办法就是调整经济政策，遵从客观规律和社会主义原则，节约不可再生资源。未来的地质学则应引进中华整体辩证思想方法，克服地质学不善预测的缺点，中西两种思想方法共促未来地质学蓬勃发展。

关键词　资源危机　地质学　整体辩证方法　分析逻辑方法

自第二次世界大战后随着工业生产蓬勃发展，对各种矿产资源的需求不断扩大与增加，在上世纪 60 年代首次爆发了石油危机，从而引发了人们的惊恐，却未进行深刻的反思，从石油危机中吸取教训、学习新的有益知识；未明白地下的矿产资源是有限的，应该爱惜和节约资源。然而，人们在经过短暂的惊恐之后，开始从不同的方向上想对策：增加对能源开发的投入，加大了对石油的勘探与开发，向新的地方、向海洋寻找新油田，并找到了替代石油的新能源——天然气，从而缓解了石油危机之困。并马上"忘却了"任何地下的矿产资源都会有枯竭的一天，仍然盲目地加大资源开发的力度，致使资源危机愈演愈烈，成为经济持续发展的瓶颈。

1　近代地质学难解资源危机之困

地质学以地球为研究对象，为经济发展提供充分的资源是地质学责无旁贷的使命。在资本主义工业化的早期，它轻松地完成了自己的任务，为工业化做出了突出的贡献，满足了工业化对矿产资源的需要，至今虽已感困难，却仍然在支撑着。因此，人们有理由相信地质学是化解资源危机的利器，然而，事实并非完全如此。

众所周知，"近代地质学源于西方，……地质学与数学、物理学、化学等西方学科一样，都是在西方科学思维的指导下发展起来的。"西方科学思维与方法是一种以形式逻辑为基础、追求精确（定量的），以分析、实验为特征的科学方法，它长于解决在封闭条件下简单的线性问题。而地球是一个开放、相互联系、运动不止、时刻变化着的复杂星体，因此，地球上发生的任何事件都属于开放性、复杂性问题，如成矿作用、资源评价、成矿预测……无一不是开放、复杂性问题，它们很难用西方思维方法获得圆满的解决。因此，这些问题一直是近代地质学的软肋。如：现在地质学应用分析逻辑方法所得的认识或结论为依据，应用这些认识而建立起来成矿模式、或矿床模型，在将它们用于成矿预测时，其结果往往不如人意，效果不佳。又如将统计方法用于资源评价，则是从理论到实际应用都存在许多显而易见的问题，其效果不理想已是不言而喻的事。因此有西方著名地震专家在杂志上著文，公开说"地震是不能预测的"。由此反映出：地质学在成矿预测、指导找矿、为经济发展提供资源保证，不论在理论上，还是在方法上均存在先天的缺陷，而难担此重任。而需要在指导思想上或思维方法上进行一次革命，改变西方分析逻辑方法是唯一"正确"地质研究方法的现状，引进中华整体辩证思想，用中西两种科学的思想方法来支撑未来地质学的健康发展。

李四光所创立的地质力学，及他所提出的各种构造体系，如"山字型构造"、"多字型构造"、"歹字型构造"等，为成矿预测与指导找矿提供了理论依据，并经受了实践的检验，收到了良好的效果。又如方茂龙等应用卫片解释的成果提出了几种"断裂构造新组合"和发现了"断裂构造自相似性"的特征，大量的卫星影像不仅生动地记录了断裂构造的生成演变过程，还为地质作用的相互关联与多变特征提供了新证据，也为地质预测提供了理论依据，弥补了应用单一分析——逻辑方法解决开放复杂地质问题的不足。因此，在地质学中引进中华整体辩证思想应是未来地质学发展的需要，它代表了未来地质学发展的新方向。

2 资源危机的探源

"资源"是经济发展的基础，资源出现危机与经济发展的指导思想密切相关。而非单纯的地质与找矿问题，加强地质找矿投入与研究，可以延缓资源危机的到来，却不能从根本上消除资源危机。因为任何不可再生的资源终有枯竭的一天，先进的地质理论与找矿勘探技术，可以使深埋在地下的矿产资源很快地找出来，以延缓资源危机的到来，然而，它却不能阻止资源的枯竭！因此，解决资源危机必须从发展经济的指导思想与目的上找原因，有的放矢地医治。

西方近代经济学的出发点或基础是：追求资本的"利润最大化"！为了达到利润最大化，西方的经济学家都鼓吹"享受生活"和刺激消费，人为地想方设法制造各式各样的消费。为了满足被刺激出来的市场需要，而不断地扩大生产——人为地制造资源浪费（如过度包装等），并将此当成发展经济、扩大就业、增加 GDP 的法宝。由此可见，资源危机乃是西方资本主义经济理论的必然产物。因此，资本主义制度是不可能依靠自身力量化解、克服资源危机的，资源危机乃是资本主义制度的不治之症，也是资本主义经济不可持续发展的又一佐证。

3 解决我国资源短缺的思路与建议

　　我国是社会主义国家，发展经济的目的（与西方资本主义国家不同）是为了满足人民的物质与精神文化需要。因此，社会主义发展经济的基本原则与方法也与资本主义社会决然不同，资产阶级是以牺牲大众的长远利益换取他个人的近期利益，而社会主义能有效地把人类的近期利益与长远利益、需要与可能完美地统一起来。即在不违背自然规律、或"道"的基础上发展经济，改善人民物质、文化生活。为此它将资源分为可再生和不可再生两大类。不断地开发、扩大对可再生资源的利用，减少、节约不可再生资源的利用。因此在社会主义制度中是不会出现资源危机的！

　　近30多年来为了快速发展我国经济而引入市场经济法则，其结果是：既创造经济高速增长的中国奇迹，也引进了资本主义的许多病症，其中就包括资源危机。为了刺激GDP高速增长，我国变成了"世界工厂"，为全世界生产廉价低端产品，以占领世界市场，因此资源、能源消耗量剧增。由于科学技术的落后，国内资源消耗、浪费严重，资源的自给能力急剧下降，严重依赖外贸进口来补充，因而潜伏着严重的资源、能源危机，还有粮食的安全问题。解决我国当前在资源方面的严重依赖进口，必须用我国的整体辩证思想为指导，进行综合的治理，而不是简单地加强找矿勘探所能解决的，而必须抓住主要矛盾，进行全面的有的放矢的综合整治。为此，具体建议如下：

　　（1）政府调整经济政策。独立自主、自力更生发展我国经济（减少对外贸的依赖），以改善和提高全体中国人生活水平、缩小贫富差距为目的，发展绿色经济（抛弃以牺牲全民的长远利益、扩大贫富差距，以换取近期GDP的高增长的发展方式）。

　　（2）加大可再生资源的研发和利用，减少、节约不可再生资源消耗。因地制宜，全面加强循环经济建设。

　　（3）摸清我国不可再生资源家底，做到在资源利用上心中有数（如稀土矿产资源应收归国有，今后不再出口稀土矿砂和用途不明的资源）。确保在主要资源上的基本自给，逐步做到在资源开发技术上有储备。

　　（4）立法严禁开主矿、弃副矿等掠夺性的资源开发利用。推行共伴生矿产资源综合开发利用，使一矿变多矿。

　　（5）加大潜在资源（贫而大矿产）的地质调查与开发技术研究。

　　（6）向海洋、深海、大洋洋脊开展地质调查与找矿。

　　（7）以发展中国家为主要对象，开展、加强资源领域互补、互利的国际合作。

　　（8）加快煤地下气化产业化进程，从源头上根治环境污染，减轻对进口能源的依赖，确保能源安全。

　　（9）提高地质找矿、预测水平。在地学领域做好基础理论与方法的建设，推广、普及中国传统的整体辩证思想方法的教学与应用，提高地质找矿与矿产预测水平，促进地质学的革命。

参 考 文 献

［1］孙文鹏，徐道一．论中华科学思维在未来地质学中的重要意义［J］．地球学报，2008 Vol. 29（1）：13～17

［2］李四光．地质力学概论［M］．北京：科学出版社，1973：1～140

［3］徐道一，孙文鹏．李四光先生的学术成就和学术思想——纪念李四光院士诞辰115周年［J］．地质论评，2004 Vol. 50（6）：659～661.

［4］方茂龙，孙文鹏，徐道一，等．几种新型断裂组合及其形成机理［M］//马宗晋，等．构造地质学—岩石圈动力学研究进展．北京：地震出版社，1999：84～92

［5］方茂龙，孙文鹏．断裂组合自相似性探讨［J］．地质论评，2000（46）：310～318

当前人类与地球面临怎样的危机

王文光

（中国知识产权局　北京　100088）

1　要从宏观上研究

首先要有时间观、历史观。时间跨度要倒退 200 年、300 年、500 年，解析人类是怎样走过来的。

第二要树立地域观、全球观。亚非、拉美与欧洲有什么不同。例如，欧洲是两次世界大战的策源地，但现在的欧洲却联合起来了。"全世界无产者联合起来"的口号，喊了 100 多年，现在几个共产党国家也联合不起来，这是为什么？我们要从不同地域思考、从全球思考、从理论上思考……过去和现在，北欧、拉美、亚洲各国，他们都走有各自特色的路。

第三，人类文化是多元的，不是一元的。东方文化、西方文化与伊斯兰文化，主宰着人类的精神活动和物质活动。这其中有交流、有促进、有协作、有和平也有冲突。过去是这样，现在是这样，今后还是这样……

2　要反思，要反思人类走过的道路，作过的大事

英国人的工业革命，德国人发动的战争，美国的科技、美国的霸权，日本人的侵略，苏联的解体，东欧的巨变，中国的改革与开放 …… 都要反思。还有历代的国家领导人、政治家、经济学家、科学家，他们领导、主持了多少大事、多少大项目，花费了巨大的人力、物力、财力甚至牺牲了许多人的生命，这些事与项目最终怎么样呢？非常值得反思，非常值得研究。在此基础上再谋划未来。

下面我谈几个典型事例：

2.1　长城要反思

古人筑长城，为了御敌于国境之外，这个目的实现了吗？我们回顾历史：成吉思汗从北边来，先灭了辽、金，推翻了南宋后，建立了中国历史上版图最大的元朝；努尔哈赤从

东北来，灭了明朝，建立了清朝。这两次，长城都没有御敌于国门之外。后来，侵略中国的敌人，不在长城之北，而是来自东边、来自海上。在中国历史上七八个朝代在筑、修长城，而长城的伟大与光荣，不是战略防御，只留下一个闪亮的文化符号了。

2.2　核弹要反思

人是文明的，人是野蛮的，技术越进步人越发野蛮。冷兵器时代，人杀人，要一刀一刀砍。到了热兵器时代，杀人效率提高了千百倍。核武器出现了，一瞬间几十万人、百万人都被消灭了。这就是万物之灵的人，互相大规模残杀的兽性，又有哪种野兽互相残杀的规模，能与人相匹配呢！人呀！人类呀！要认真反思自己的历史行为。

董存瑞、黄继光舍身杀敌，在战争年代也是少见的英雄。现在人肉炸弹成为恐怖分子滥杀无辜的常规行为。技术进步了，物质丰富了，为什么恐怖频繁了？

冷战延续了40多年，美、苏对抗，核武器对抗，谁都怕死，到头来谁也不敢使用核武器，并达成销毁核武器的协议。化学武器已经部分的变成垃圾了，人类文明的进步，正义呼声的强大，我想核武器最终将成为一堆高技术垃圾。

2.3　导弹防御系统也要反思

据说美国为了建造导弹防御系统，前后用20年，投入2000多亿美元，动员了全国1/3的科学家……美国如此兴师动众，他要对付谁呢？当前还找不到对手。因为无人敢先打美国。再说，你的导弹以3.0马赫的速度飞行，现在我们可以在卫星上发导弹，飞行速度是6.0马赫，你那个导弹防御系统能防吗！我国正在研发核动力战略轰炸机，据说一次起飞后，续航时间两个多月，对我们来说，地球上没有飞不到、打不到的目标，你那个导弹防御系统有用吗！

2.4　"机器人"要反思

"机器人"这个词，从小说、电影发展到实物，从简单的手工工具，发展到类人工具到"功能机器人"，现在已发展到不但可以替代人的简单劳动，还可以替代人的线性逻辑智力劳动。无人飞行器、无人驾驶汽车的出现，都说明机器人发展到一个新阶段。据说到2020年，美国10%的士兵是机器人。有血有肉有智力的人，成为恐怖人是反人类的，现在机器人从制造开始就是为了恐怖行为，就更可怕了。

3　人类面临的"五大危机"

500年来，人类社会的发展，创造了丰富的物质文明新时代，也产生了文化、精神与道德沦落的大量灾难。例如，战争、种族屠杀、掠夺、恐怖袭击、环境灾难与常见常听到的杀人、放火、投毒、贩毒……道不拾遗、夜不闭户的和谐社会，随着物质的不断丰富并未到来。枪弹自由买卖的美国，正在争论要禁止枪弹自由买卖了。这些都说明人类的精神文化在整体衰退。

3.1　人口数量的危机

全球人口在不断增加，只有一个地球，人口增加到多少亿是合适呢？至今政治家、经济学家和人类学家没有回答这个严肃地问题。这是个必须回答的问题，人类绝对不能无限制的生产自己。

3.2　地球资源危机

只有一个地球，人类挖掘地下矿藏何时为止呢？要永远挖下去吗？我们的子孙后代还要继续挖吗？

3.3　化学工业的危机

现在的主要污染源，都是化学工业的副作用造成的，大气、水、土壤的污染物，都来自化学工业。食品的不安全因素，都是化学工业提供的。重新研究化学工业的生产路线，是防治环境污染的根本出路。

3.4　精神颓废的危机

政治家、社会学家和社会精英们，重经济技术发展、重物质追求，轻文化精神发展、轻道德要求。这个经济发展路线，引导整个社会走上了物欲无限膨胀的歧途。在我国，官员腐败割一茬长一茬，教授讲课要赚钱，代写论文为了钱，寺庙烧香也要赚钱，至于租个女友回家过春节，借个小孩免费逛动物园，已经见怪不怪了。

3.5　教育危机是所有危机的总根源

科学技术给人类带来文明也带来灾难，因为科学技术是没有灵魂的，人是决定一切的，所以说教育人最重要。从战争到恐怖袭击，从环境灾难到食品安全，那一件不是人为的呢！因此，一定要树立大教育观，从家庭教育、学校教育到社会教育，一个都不能放松；要教育政治家、社会学家、科学家和社会精英，一个都不能放松。他们的行为、我们每个人的行为，要对当代负责、要对后代负责。要建立任何人都是被教育者的观念，永远作先生、永远教育他人的圣贤，在古今社会里都是不存在的。

4　转变观念，创造新的社会学理论

作为理论探索和研究，政治家、社会学家、科学家，要站在人类的角度反思过去、认识现在、探讨未来。我想以下三个问题要认真研讨：

4.1　转变经济发展观念

发展经济以追求物质享受为主，转变为追求文化、艺术和精神高雅为主。物质是人、兽都要依存的硬条件，但人有文化、有精神，尤其有艺术感、有艺术创造、有艺术享受，而兽类没有。人要脱离兽性，必须淡化对物质的追求，强化对文化、艺术的追求。这方面作到了，人类的许多矛盾、争吵、掠夺的根源就大大减少了。到时人们将共同建设一个有高雅文化、有高雅艺术享受的新文明时代。

4.2 建设共同的价值观

我国 2012 年发布的"社会主义核心价值观"是：富强、民主、文明、和谐、自由、平等、公正、法制、爱国、敬业、诚信、友善。这 24 个字构成了我们的价值观体系，这 24 个字的内涵不是社会主义社会专有的。翻阅我国的古文化、传统文化，这 12 个词组都是古有的、传统的，也是几千年流传于民间的。再说这 12 个词组的社会意义，那个国家的政府敢反对呢？那位政治领袖敢反对呢？那位社会学家敢反对呢？那个国家的国民不赞成呢！问题是要践行，人人都要说到做到呀！

4.3 创新社会学理论

几百年来，社会的发展可说是蒸汽机"领导的"，是电动机"领导的"，是微电子技术"领导的"，现在是网络技术"领导的"。科学技术是没有灵魂的，社会发展需要灵魂，需要新的社会学。社会发展不能单纯依靠科学技术，如同人的成长不能只吃食物，还必须要有文化、精神食粮。新的社会学，就是要对几千年来人类社会的发展，当代社会的发展进行反思、纠正、调整和创造制订新的理论、新的发展路线图。

中国有上百万的社会学人才，如此庞大的人才集群，总不能只读一本书吧！总不能只读书不创造吧！当今的人类社会，需要有创造的新的社会学家，比需要有创造的科学家还迫切，因为人类急需创新社会学理论，人类急需新的发展路线图。

四大文明古国的兴衰值得研究，中国的兴衰值得研究，美国的兴起值得研究，欧洲的现状值得研究，苏联的解体值得研究……7000 多年的人类社会战乱、发展、文明、残杀、曲折……至今无人说得明白，有哪些经验？有哪些教训？这么大的论题我们有天不怕的勇气，敢于开头讨论，这是"北京天地生人"学术讲座的创造性性格决定的，是没有任何框框地思维定式决定的，这是我们的优势。

从生态文明角度构想地质环境调查

——以首都北京为例

吕金波

（北京市地质调查研究院　北京　102206）

摘　要　中国共产党十八大提出了生态文明的口号，北京作为首都应该构想地质环境系统调查。北京位于太行山与燕山的交汇之地，地质环境复杂。同时，北京是世界上少有的具有山区、平原和盆地的城市，世界上少有的具有地热资源的 6 个首都之一，世界上少有的带动整个国家地质发展的地质学摇篮城市，世界上少有的长城与大运河两大文明交汇之地。北京要寻求利于生态文明的地质环境系统调查路线，适应两轴两带多中心的发展布局，既要对北山、西山、盆地和平原的地质环境调查做出部署，也要对六环路内的地质工作重点思考，多角度、多层面地体现地质环境系统调查对北京城市发展的重要性。

关键词　生态文明　地质环境系统　地质调查　北京

2012 年中国共产党十八大提出了建设生态文明的战略部署，北京作为首都应该构想地质环境系统调查。生态文明是人类为保护和建设美好生态环境而取得的物质成果、精神成果和制度成果的总和，是贯穿于经济建设、政治建设、文化建设、社会建设全过程和各方面的系统工程，反映了一个社会的文明进步状态。

地质学界已经注意到地质与环境的关系，刘东生院士曾提出《加强跨学科综合研究，解决现实环境问题》，孙枢院士曾提出《地质环境系统研究与可持续发展战略》，王思敬院士曾提出《论人类工程活动与地质环境的相互作用》。

本文结合北京实际，从地质工作形势分析、北京的国土资源现状、困扰北京发展的 9 大地质环境问题、北京地质环境调查的基本想法、北京六环路内是地质环境调查的重点区等 5 个方面研究北京的地质环境系统。

1　地质工作形势分析

北京是中国地质工作的摇篮，早在 1863 年 9 月美国学者庞培莱第一个到西山搞地质调查，提出"震旦方向"的概念，19 世纪 70 年代德国学者李希霍芬提出了"震旦层系"地层名称，20 世纪 20 年代叶良辅等发表了中国第 1 部地质学专著《北京西山地质志》，随后地质工作区相继在全国展开。

20 世纪，由于工业化对矿产资源的强大需求，地质工作主要围绕矿产资源勘查来展开，由此带来了全球矿业的繁荣。一座座矿山拔地而起，建立了一大批以采矿为业的新兴城市，带动和促进了人类社会经济的发展。同时，地质学本身也得到了深化与发展。

21 世纪，对人口、资源和环境关系的研究成为主题。随着世界人口的增长和城市化进程的加快，与城市土地利用、资源开发、废物处置、环境保护和灾害防治等有关的地质问题日益严重，已直接影响和制约着人类社会的可持续发展。为此，城市地质调查已迫在眉睫。如美国地质调查局开始研究当今社会所关注的灾害、水和受污染的环境；英国地质调查局开展了有关土地利用、环境保护和减灾方面的调查；加拿大地质调查局制定了地学在促进可持续发展、公共健康和环境保护方面的战略目标。这一切表明，地质环境调查是当今全球地学发展的重要方向。

习近平总书记在听取京津冀协同发展工作汇报时强调，实现京津冀协同发展是一个重大国家战略，要坚持优势互补、互利共赢、扎实推进，加快走出一条科学持续的协同发展路子。北京作为京津冀一体化的主体，理应率先进行地质环境系统调查，为生态文明建设做贡献。

2 北京的国土资源现状

北京的国土资源品种多，截至 2012 年底，北京发现各类矿产 127 种，其中固体矿产 121 种，水气矿产 6 种。长期以来一直对北京城市建设和经济发展起着有力的支撑作用。从总量上讲，自给能力可达 60% ~ 70%，从地下水资源分析，目前年可采量 26.33×10^8 m^3，占全市总用水量的 2/3，已是北京城市建设和经济发展的重要基础资源。

固体矿产资源：已编入《北京市矿产资源储量表》的 67 种固体矿产 352 处矿产地中，有能源矿产 1 种，29 个矿产地；金属矿产 19 种，116 处矿产地；非金属矿产 47 种，207 处矿产地。产量最大、产值较高的是煤、石灰岩、白云岩、花岗岩、大理岩、砂石、黏土、铁矿和金矿等，现在正在逐渐减少开采，最终关闭所有矿山，但摸清固体矿产资源家底，进行调查分析，是必须要做的工作。

地热资源：北京是世界上少有的具有地热资源的 6 个国家首都之一。现已初步查明全市有 4 个呈 NE—SW 向展布的地热资源带。多属中低温类型，水温一般 40℃ ~ 60℃，最高可达 117℃，现有地热井 486 口，有 200 多个单位共 198 口地热井投入开发，主要用于洗浴、游泳、康乐、医疗、养殖、种植等方面。地热开发正在拉动首都旅游康乐业的发展，往往开发一个地热井，就能促进一个单位和地区的经济繁荣。

浅层地温能资源：北京的浅层地温能资源非常可观，现正在调查。

地下水资源：北京是以地下水为主要供水源的大城市，年可采 $26.33 \times 10^8 m^3$，占年用水量 $40 \times 10^8 m^3$ 的 66%。自 20 世纪 70 年代以来，随着城市发展，严重超采范围已达 $3312km^2$，形成了以城市为中心的降落漏斗。加之全市人均水资源占有量只有全国的 1/8，世界的 1/30，充分说明北京是水资源十分匮乏的城市，搞好地下水资源的开采、节流与保护，对保障城市的正常运转，稳定和保持水资源的供给能力，促进首都经济的可持续发展显得十分重要。

旅游地质资源：北京地处我国燕山东西向山脉与太行山北东向山脉交汇复合部位，地质构造和岩浆活动十分频繁，加之干百万年的外力风化作用，形成了千姿百态的峻岭峡谷，造就了丰富新颖的地质景观，为北京地区发展旅游提供了丰蕴的地质资源。如有碳酸盐岩形成的龙庆峡、十渡、京东大峡谷等喀斯特地貌景区；有花岗岩形成的密云大关桥—黑龙潭、怀柔河防口—琉璃庙云蒙山风光区；有以侏罗纪髫髻山组火山岩构成的灵山、百花山、妙峰山等 3 山风景线。这些地质资源作为旅游观光、休闲度假的景区正在全市开发利用，带动和促进了全市第三产业的迅速崛起和发展，更重要的是对当前建设社会主义新农村有着不可估量的作用。

平原区环境：北京平原区面积 6338km^2。近年来土地的浪费令人担忧，北部郊区大面积良田被征作建筑用地，南部郊区土壤砂化严重，西部郊区工业污染后效尤存，东部郊区水质恶化。从多年监测表明地下水质受污染程度有逐渐扩大和加重的趋势，应引起足够的重视，搞好垃圾的处理和管理，控制排污，减少农药化肥的影响，以保证首都经济的可持续发展和良好的生态环境。

北京居于京津冀一体化的中心地位，其城市性质、功能和相应的要求，决定了首都经济的内涵应是以生态文明为导向，第三产业为主体，技术密集、环境洁净为特征的发展路径，这是首都地质环境调查的立足点。

3　困扰北京发展的 9 大地质环境问题

目前北京的人口、资源与环境面临 9 大地质环境问题。

3.1　人口膨胀问题

目前北京的外来人口和流动人口的数量与日俱增，人口对城市地质环境系统产生了严重的干扰，应从人口、资源与环境等方面，分析北京人口的容量，做到有效控制，科学疏散，使北京成为宜居城市。

3.2　土地资源利用问题

土地资源的利用变化现状、土地质量与评价、合理开发和保护都需要进行一次全市性的全面综合调查，从而建立土地资源信息库，丰富城市地质环境系统的内容，为保护和利用土地资源提供科学依据。

3.3　地质灾害问题

北京地质灾害主要是山区的泥石流、滑坡、崩塌和西山煤矿采空区的地面塌陷，尽管分布范围不广，但其危害程度不容忽视。要在全面调查的基础上加强监测和建立预报系统，使其成为地质环境系统的一个参数，防患于未然，减少损害。

3.4　城市地下空间环境问题

近 20 年来，北京市的城市建设发展非常迅速，这种发展不仅表现为平面范围的不断扩展，还体现在向地上和地下空间的发展上。特别是地下空间的利用深度已达到了 ~29.55m，并且仍在不断加深。根据《北京城市总体规划》："注意地下空间的开发，特别是城市繁华地区要综合开发利用地下空间，增加建筑容量，疏散地面人流，改善购物环境，提高大地利用效率。"由于地下空间的开发已对工程地质环境带来了明显的影响，主要表现在对地下水流场的改变，使地下水质恶化，基坑排水造成地下水资源的严重浪费，引起局部地面沉降，危害周围建筑物的安全稳定。有必要开展全面的工程环境地质和地面沉降的综合调查，及时掌握工程环境地质影响和地面沉降的发展状况，建立地面沉降监测系统，划分适于进一步开发地下空间的范围和深度，既要发展地下多层空间交通系统，又不影响工程地质环境，为首都的城市建设服务。

3.5　水资源匮乏问题

2011 年，《北京市第一次水务普查公报》发布，普查标准时点为 2011 年 12 月 31 日，共计普查了 13.74 万个对象，获取了 500 余万条数据，全面摸清了北京水务"家底"。经济社会用水 $35.25 \times 10^8 m^3$，其中生活用水 $8.52 \times 10^8 m^3$，农业用水 $8.92 \times 10^8 m^3$，工业用水 $4.97 \times 10^8 m^3$，建筑用水 $0.33 \times 10^8 m^3$，三产用水 $6.43 \times 10^8 m^3$，生态环境用水 $6.08 \times 10^8 m^3$。北京缺水严重，必须设法"开源节流"解决。

3.6　地下水环境问题

地下水环境污染日趋严重，由于城市生活、工业垃圾与人口俱增引发了一系列城市地质环境问题，尤其是地下水质超标日趋增长，已经影响了首都的形象、城市发展和人民生活。

3.7　地热资源开发问题

北京是世界上少有的拥有地热资源的 6 个首都之一，有着得天独厚的优势。地热资源是一种清洁能源，其开发利用已越来越受到重视。而目前全市地热资源的规模、分布范围、形成条件、贮存状况和开发潜力不甚清楚，还难以为合理开发规划提供有力依据。

3.8　浅层地温能利用问题

目前北京浅层地温能利用比较杂乱，没有考虑地质条件，潜在的环境问题非常严重，需要在考虑北京城市发展布局，热泵技术发展的基础上，开展浅层地温能资源地质勘查。首先广泛收集已有的相关资料，然后野外调查浅层地温场和地下水流场。通过调查太阳能影响的土壤深度、北京平原地热地质单元大地热流值的上限深度、浅层地下水的水温、水位、水量、水质和渗透系数等，确定恒温带的温度和深度。通过分析松散层厚度、岩土导热性、恒温带温度、回灌条件、含水层累计厚度、地下水水质等要素，将北京平原划分综合评定适宜性等级，分出水源热泵适宜区、地源热泵适宜区和不适宜区等浅层地温能地质单元，为北京城市规划服务。

3.9 资源短缺问题

北京正在逐渐限制矿产资源的开发，造成了北京矿产资源的严重短缺。所以北京的地质环境调查的方向：必须实施立足北京、伸向华北、走向全国的战略，决不能把北京作为封闭的系统，而要依托京津冀一体化解决资源短缺的问题。

在21世纪北京的发展中，国土资源是国民经济的重要支撑。土地资源、矿产资源、水资源等国土资源是首都经济发展中占第1位的经济资源。首都的经济发展一定要建立在以生态文明为导向的基础之上。

北京地处燕山山脉与太行山脉结合部，总面积16 410km²，山区占10 072km²，平原区占6338km²。地貌单元分为西山、北山、盆地和平原，应有针对性地进行城市地质工作部署，对不同的单元要有不同的工作思路和侧重。

平原：北京平原是由永定河、温榆河、潮白河共同塑造的，美丽的北京城就坐落在永定河冲洪积扇上，应重点开展水文地质、工程地质、环境地质调查和监测。水资源的贫乏严重制约着首都经济的发展，如何利用水文地质知识，查清北京的水资源状况，从水资源布局方面为北京的城市发展提出规划。要分析"南水北调"工程进京后，恢复地下水引起的地质环境变化问题。调查地热及浅层地温分布的深度和范围，为首都提供无污染的能源，促进相关产业的发展，必须重视垃圾场选址工作，改变目前被动应付的权宜局面，这是城市建设进入生态文明的重要环节。

西山：西山是我国地质工作的摇篮，盛产煤、石灰岩、大理岩资源、以岩溶景观和火山岩景观为美学特征的旅游资源。城市地质调查不但要摸清煤、石灰岩和大理岩资源的储量，还要研究开采这些资源给首都带来的负面效应，开展环境容量的研究，合理布局。开发地质自然景观，以自然景观旅游带动西山经济的全面发展，这是地质工作者在生态文明建设中义不容辞的责任。

北山：北山以开采铁矿和多金属矿为主，现在密云水库、怀柔水库及京密引水渠是北京人民的饮用水源，生命之泉。城市地质调查应紧紧围绕这两盆清水，开展各流域的环境地质调查，查清各种自然污染物和人为污染物的污染途径，提出有效的治理方案，为首都人民的饮水安全提供保障。

盆地：延庆盆地是北京的绿色蔬菜基地，没有大的工业污染。地质环境调查应立足生态农业地质研究，为该地区的大农业发展提供丰富的地质资料，谱写农业地质在城市发展中的新篇章。

北京的地质环境调查要有新思路。要创造一切条件，运用新技术、新方法。多学科渗透，成果突出实用性，为首都国土资源的可持续利用提供资料、研究成果和政策性建议，为首都的经济发展做出贡献。

5 北京六环路内是地质环境调查的重点区

北京六环路西起门头沟、良乡，东至顺义、通州，南起大兴、马驹桥，北至百善、小汤山。东经 116°05′~116°40′，北纬 39°41′~40°11′，面积 2260km²，其中山区面积172km²，占 8%，平原面积 2088 km²，占 92%，北京城坐落在中心，边界穿越门头沟、良乡、大兴、通州、顺义等地区。工作区是中华人民共和国的政治中心、经济中心、文化中心和交通中心。地质环境调查的重点区选在此地，意义重大。

六环路内自西向东横跨京西北隆起、北京凹陷和大兴隆起 3 个大地质构造单元，由黄庄—高丽营断裂和南苑—通州断裂将其分割。前沙涧—沙河断裂、南口—孙河断裂和太阳宫断裂又进一步划分了 7 个地质单元，即京西隆起、马池口凹陷、小汤山凸起、顺义凹陷、来广营凸起、丰台凹陷和大兴隆起（见图 1）。

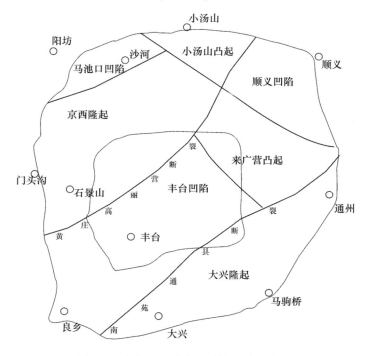

图 1　北京市六环路内地质构造单元分区

5.1　各地质单元的区域地质特征

西山隆起为西山向东部平原的延伸部分，东部边界为黄庄—高丽营断裂，北部边界为前沙涧—沙河断裂。马池口凹陷位于沙河一带，北部边界为北东向的南口山前断裂，东部边界为北西向的南口—孙河断裂，南部边界为前沙涧—沙河断裂，马池口西钻孔资料揭露第四纪松散沉积物厚 600 余米，物探资料显示最深达 700 余米。小汤山凸起位于北京城北，西部边界为南口—孙河断裂，东部边界为黄庄—高丽营断裂，北部边界为阿苏卫—小汤山断裂，形成一个倒三角形，是北京最早利用地热的地方。丰台凹陷是北京新生代地层堆积最厚的地质单元，西部边界为黄庄—高丽营断裂，东部边界为南苑—通州断裂，北部边界为太阳宫断裂，南部边界为良乡凸起，中间发育良乡—前门—顺义断裂。来广营凸起北部边界为南口—孙河断裂，南部边界为太阳宫断裂，基岩埋深100余米。顺义凹陷南部边界为南口—孙河断裂，北部边界为黄庄—高丽营断裂，东部边界为南苑—通州断裂，是北京平原区第四系研究程度最高的地区。大兴隆起西部边界为南苑—通州断裂，北京市地质调查研究院在进行大兴县幅、马驹桥镇幅、香河县幅、庞各庄幅1：5万区调和北京市幅1：25万区调中对其进行了详细的解剖，一般埋深100余米，最浅处为芦城，仅40余米，根据顶部发育韵律明显的马兰砾石层，说明隆起在晚更新世末被埋没，换句话说周口店猿人曾经目睹过北京南山的存在。

5.2 地质环境系统调查的意义

党的十八大提出了生态文明的口号，中央提出了京津冀一体化的发展路线，随着京津冀一体化中心首都经济的快速发展，城市规模不断扩大，对地下三维空间的扰动不断加大，由此带来的城市地质环境问题日益突出。如地下多层空间的开发必然引起地下临空面的增加，使地基失稳；地下水的过多提取必然引起地下流场的改变，造成降落漏斗，引起地面沉降；地热水的过多开采必然引起深层岩溶的潜蚀作用增强，造成岩溶塌陷；城市废弃物的处置不当，必然造成地下环境的污染。

今后的地质工作应实现从山区地质找矿为中心向平原地质环境为中心转变，从资源地质向多目标、多参数地质转变，从平面地质调查向三维立体地质调查转变。使地质工作向实用性、科学化方向迈进。

参 考 文 献

[1] 孙枢. 地质环境系统研究 [M]. 北京：海洋出版社，1998
[2] 叶良辅，等. 北京西山地质志 [M]. 地质专报，甲种第1号，1920：1～92
[3] 董德茂，吕金波. 开拓北京城市地质环境调查的新思路 [J]. 中国地质，2000（272）：38～40
[4] 吕金波. 开展国土资源大调查，为首都经济作贡献 [J]. 中国地质，1999（4）：26～27

再论丁文江领导的西南地质大调查

潘云唐

（中国科学院大学　北京　100049）

摘　要　丁文江领导的西南地质大调查，自 1929 年 3 月开始，至 1931 年 10 月结束，共历时两年 7 个月。正式成员 7 人；包括有相当工作经历的中壮年地质学家 3 人——丁文江、谭锡畴、赵亚曾，壮年测量学家 1 人——曾世英和刚从大学毕业参加工作不久的青年地质学家 3 人——王曰伦、黄汲清、李春昱。调查工作涉及陕西、甘肃、四川、云南、贵州、广西 6 省，3 个工作小组总共行程数万公里。达到了"出成果，出人才"之目的。从成果看，发表学术著作达三四十种，包括《地质专报》甲、乙种和《中国古生物志》乙种等系列专著 8 部，（其中，黄汲清独著 4 部，与人合著 2 部），还有《中国地质学会志》（英文）、《地质汇报》等核心期刊上发表的 10 多篇文章。从培养人才上看，除丁文江、赵亚曾英年早逝外，谭锡畴在新中国时期走上地质事业重要领导岗位，黄汲清、李春昱、王曰伦都先后在 1948、1955、1980 年当选为中央研究院院士、中国科学院学部委员（院士）。尤其是培养了中国地质界的接班人，初选的赵亚曾在这次考察中惨遭土匪杀害。丁文江、翁文灏又在这次调查工作中物色到新的继任者——黄汲清，并于数年后完成了中国地质界第一、二代领导人的新老交替。

关键词　丁文江　中国西南　地质大调查

2008 年 11 月 14 日，作者在中国地质学会地质学史专业委员会第 20 届年会上宣读了"丁文江领导的西南地质大调查"一文，后收入《地质学史论丛·5》于 2009 年 10 月出版。在该文中，对这次事件的经过和取得的成绩、伟大的意义等都有了较详细的阐述。现在看来，对中国区域地质调查史上这一重大事件还有必要进行更加广泛、更加深入的探讨。

首先，谈谈这一庞大计划之起因。丁文江 1911 年从海外学成归来，不立即回家，首先在祖国大西南云南、贵州二省作了一个多月徒步旅行考察，然后经湖南、湖北等地返回江苏老家，他选中西南是基于从前人（主要是外国地质学家）工作中知道那里有丰富的矿产资源，而且气候温和湿润，风景优美，也具备基本的交通条件，所以，他对大西南情有独钟。两年以后的 1913 年，他担任了农商部地质调查所所长（初为工商部地质科长，后为农商部地质调查局局长，以后"局"又改为"所"）兼地质研究所所长，当年底，他把后一职务辞去，交章鸿钊继任，并与王锡宾和德国地质学家尔格去正太杨铁路沿线调查地质调产，有报告发表在《农商公报》上，这是中国地质科学史上，本国地质学家正式开展野外区域地质调查，并有工作成果公开发表之首次，所以把这一年定为中国区域地质调查之开始，明年来纪念它的百年大庆，是完全恰当的。就在次年2月，丁文江一人在云南调查地质达10个月之久（也涉及到四川、贵州边境一部分地区），年底始归，取得丰硕成果，有很多是他逝世后才由学生们替他整理发表的。

丁文江1921年应聘去担任热河省北票煤矿总经理，辞了农商部地质调查所所长之职，仍担任不支薪的名誉所长（顾问）。他既是科学家，也是企业家、社会活动家、政治家，他把主要精力放在北票煤矿，使该矿很快扭亏为盈，并成为当时全国数得上的现代化大煤矿（日产2000吨，年产70多万吨）。但是他常常往来于北票、奉天（沈阳）、天津、北京之间，时时关心着地质调查所的工作，出主意、想办法，还参与领导筹建中国地质学会（任首届评议员、第二届会长），常在英文版《中国地质学会志》上发表文章。又创办《努力周报》，开展"科学与玄学"的论战。1926年，他又当了孙传芳手下的"淞沪商埠总办"。1927年避居大连，研究与整理《徐霞客游记》。

1928年丁文江重又开始他中断了7年的地质调查工作。一开始是应铁道部之邀，调查拟议中的"川粤铁路"（具体是钦渝铁路）沿线地质矿产，主要在广西做了大量工作。1929年，他与农矿部地质调查所所长翁文灏研讨一个西南各省之地质调查及填图计划。他当年8月3日给胡适的信上谈了他的两点打算：一是到云南和广西中间的贵州省去，把他1914年在云南的工作及1928年在广西的工作连接成一体；二是继续钦渝铁路路线及地质矿产勘查，争取早日修通此铁路，把大西南的经济搞活。实际上他们的雄图伟略还不止此两点。他们把眼光也扩展到北边"天府之国"的四川省，以往外国地质学家光顾过，而大部分对中国地质学家来说还是处女地。所以丁、翁的计划更加庞大，他们不仅搞地质矿产铁路选线调查，还调查地理学、人类学等方面的问题。

从人员配备上来看，总共有6位地质学家，一位测量学家。这在今天来看，似乎算不了什么，可是在中国地质事业草创时期，全国地质工作者也许不过百把人，全国最大的地质机构——农矿部地质调查所总共也不过三四十人，所以这6位地质学家从事一个大工程就占了相当份额了。这6位地质学家中，三位是"老手"，最大的是丁文江，42岁，是中国地质事业创始人，奠基人之一，已有16年地质工作经历，是当时顶尖级地质学大师。其次是谭锡畴，37岁，是农商部地质研究所毕业的"十八罗汉"之一，是中国人自己培养的首批地质学家之一，已有13年工作经历。第三是赵亚曾，30岁，是北京大学复办地质系的第四期（1923年）毕业生，已有6年工作经历，却著述等身，甚至达到国际领先水平。另外三位是"新手"，最大的王曰伦，26岁，1927年毕业于山西大学采矿科，1928年刚从山西调入农矿部地质调查所。另两位黄汲清、李春昱，都是25岁，1928年刚毕业于北京大学地质系，一同进入地质调查所。他们3人都是"初出茅庐"而已"崭露头角"的"新秀"。丁文江正好划分了"以老带新"的三个组。他本人带王曰伦，又因有铁路选线测量等任务而再配备一位青年测量学家曾世英。他们主要负责贵州地区的调查。谭锡畴带李春昱，主要负责四川地区的调查。赵亚曾带黄汲清，作为先遣组由陕西南下，经四川而到贵州与丁文江组会合。

在这次调查中，丁文江本人从1929年9月离北平赴川黔到1930年6月返回北平，历时9个多月，与他1914年赴云南调查的时间差不多。然而，他领导的整个大调查从赵亚曾、黄汲清先遣组1929年3月从北平出发到谭锡畴、李春昱组1931年10月返回北平，则共历时两年7个月（31个月）。他们调查的区域纵贯陕西、甘肃、四川、贵州、广西、云南六省，实际工作面积数十万平方公里，3 个组 6 个人总的行程达数万公里。所以这样伟大的规模在当时中国是空前的，在中外地质史上也是罕见的。就丁文江本人而言，也是他一生中领导的最大的也是最后的一次地质调查。

这个伟大工程的结局，的的确确达到了"出成果、出人才"的崇高目的。先看它出的成果。丁文江本人 1929—1930 年在四川、贵州、广西三省工作时测制了 14 幅二十万分之一路线地质图。1930 年 6 月返北平后，他即在 7 月 30 日中国地质学会常会上作了"贵州之丰宁统"的简要汇报，发表在《中国地质学会志》9 卷 2 期上。1931 年则在同一刊物上发表了"丰宁系之分层"的长文。此外，他与王曰伦对整个贵州以至云南东部的古生代至三叠纪地层划分对比都有重大贡献。黄汲清根据这次考察搜集的材料，在 1931 年—1933 年间发表了 5 部专著：《秦岭山及四川之地质研究》（与赵亚曾合著，《地质专报》甲种，第 9 号，1931 年）、《中国南部二叠纪地层》（《地质专报》，甲种，第 10 号）、《中国南部二叠纪珊瑚化石》（《中国古生物志》乙种，第 8 号，第 2 册）、《中国西南部后期二叠纪之腕足类，卷一》（《中国古生物志》，乙种，第 9 号，第 1 册）、《中国西南部后期二叠纪之腕足类，卷二》（《中国古生物志》，乙种，第 9 号，第 2 册）。赵亚曾 1929 年发表了"四川地质简报"（《中国地质学会志》8 卷 2 期，其中特别提到四川彭县附近的"飞来峰"构造和北东—南西向大断裂，即"龙门山深大断裂"）。谭锡畴、李春昱联名发表了《西康调查通讯》（《地学杂志》，18 卷，2 期）、《西康东部矿产志略》（《地质汇报》，第 17 号，1931 年）、《四川峨眉山地质》（《地质汇报》，第 20 号，1933 年）、《四川石油概论》（《地质汇报》，第 22 号，1933 年）、《四川盐业概论》（《地质汇报》，第 22 号，1933 年）、《西康东部地质矿产志略》（《康藏前锋》，1934 年，第 5 期）、《四川西康地质志》（《地质专报》，甲种，第 15 号，为图册部分）。谭锡畴还发表了《四川岩盐及盐水矿床之成因》（《地质论评》1936 年 1 卷 3 期）、《四川西康地质发育史》（《中国地质学会志》，1936—1937 年，16 卷）。李春昱还发表了《西康测量记录》（《国立北平研究院院务汇报》）、《扬子江上游金矿》（《自然》，1933 年，第 2 卷上册，第 56 期）、《四川峨眉山之地文》（《方志月刊》，1933 年，第 6 卷，第 6 期）、《四川松潘灌县间地质概况》（《国立北平研究院院务汇报》，1934 年，第 5 卷，第 1 期），等等。所有这些都成为大西南地区区域地质矿产研究的奠基性、经典性巨著。

再看"出人才"方面。丁文江本人这次大调查中领导有方，收获颇丰，他以后当过北京大学地质系研究教授、中央研究院总干事，可惜在湖南调查地质时，在宾馆煤气中毒，又并发各种症状而不治逝世，年仅 49 岁，中外学术界同声悼惜。谭锡畴在这次工作中取得很大成就后，又转向高等教育界和矿冶界，当过多所大学教授，也当过湖南资兴煤矿矿长。新中国时期，刚担任中国地质工作计划指委员会矿产测勘总局局长时就死于肾癌，年仅 60 岁，也是英年早逝。赵亚曾则在此次大调查中被土匪杀害，无限前程惨遭葬送。三位年轻地质学家却都成长为顶尖级人才，黄汲清 1948 年当选为中央研究院首批院士，年仅 44 岁，是地质学家院士中最年轻者，1955 年当选为中国科学院首批学部委员（院士）。李春昱、王曰伦也于 1980 年当选为中国科学院第 3 批学部委员（院士）。

特别值得提出的是，丁文江及翁文灏对接班人的选拔和培养。很明显，他们的原则是任人唯贤，不搞论资排辈，大胆擢拔青年精锐。从很多迹象表明，赵亚曾正是他们最先选定并重点培养的接班人。赵亚曾逝世后，丁文江所著的《悼赵予仁》七律四首中，开头就说"三十书成已等身,赵生才调更无伦"。前一句盛赞赵而立之年已成就辉煌,后句来源于唐诗中的"贾生才调更无伦",把赵比作汉文帝时长沙王太傅贾谊那样的天才。翁文灏在"赵亚曾先生为学牺牲五周年纪念"一文中则说:"赵君在所六年,调查则出必争先,研究则昼夜不倦,其进步之快,一日千里,不特师长惊异,同辈叹服,即欧美日本专门学者亦莫不刮目相待,十分钦仰,见之科学评论及通信推崇者,历历有据。""青年学者中造就如此之速而大者,即在世界科学先进国中,亦所罕觏。"葛利普则在"赵亚曾君行述"中说:"今赵君死矣!科学界顿失去一最诚恳最有望之同志,中国丧失其一未来之领导者,吾辈——其友若师——失去一益友而少他山之助,而尤以中国之损失为最大。"这当中,"未来之领导者"一语分量尤重,葛利普为丁、翁之挚友、外籍顾问,他的意见也和丁、翁完全吻合。

丁文江在这次西南大调查中,对赵亚曾委以重任,给他压担子,让他独当一面,带领黄汲清,作为先遣组,提前半年出发,赵、黄任务完成得很好。丁文江初到重庆的1929年9月间,听说赵、黄二人要自宜宾分道入云南,为了安全起见,丁曾打电话叫赵到重庆同行,赵即回签说:"西南太平的地方很少,我们工作没有开始就改变路程,将来一定一步不能出门了。所以我决定冒险前进"。正是这种大无畏的英勇精神,使他不幸丧命。后来黄汲清到贵州大定(今大方县)与丁文江会合时,丁首先询问赵亚曾殉难详情,因为痛失爱将而涕泗横流,泣不成声,黄也陪哭,后经众人劝说才开始静下来谈工作。他不但白天哭,晚上睡觉想起来还哭,泪湿枕衾(正如他悼诗中所说:"夜郎一枕伤心泪,仿佛西行见获麟")。

从当时的情况结合后来的发展,我们推想,在对赵亚曾这位理想接班人无限怀念、无限惋惜的同时,他同时也会想到物色与选拔新的接班人,而且就在这次西南地质大调查后期,一个新的更年轻有为的接班人的"影子"逐渐在他心中形成,这便是赵亚曾的低班校友、学生、小兄弟、亲密战友——黄汲清。

黄汲清出身在四川仁寿县一个书香士绅之家,自幼聪颖好学,才华出众,小学、中学都一直是成绩最拔尖的,不但考试分数第一,而且苦练基本功,他小学一位同班同学是富家子弟,把上海亲戚送给自己的铜版纸彩印中国地图册拿到班上炫耀。他借给黄汲清看却不准拿出教室。黄汲清暗下决心,硬是在几个星期的课余时间里用半透明的书法用纸把全册地图蒙着画下来了。这个"地图手抄本"他一直带到了中学、大学,乃至带到了工作岗位上。他不但功课好,也喜欢体育,爱踢足球,走"浪桥",还喜欢玩体育与智育相结合的趣味项目——"算术竞走"。真是德智体全面发展。

黄汲清1921年(17岁)考入天津北洋大学预科,1924年(20岁)考入北京大学地质系本科,1928年(24岁)毕业。7年之间的寒暑假没有回过一趟远在四川的老家(诚然,当年交通条件极差,旅费昂贵、路途耗时长也是原因之一),完全留在学校复习功课,博览群书,扩展知识面,也从事社会实践,为平民夜校讲课,当家教,为报刊翻译或撰写文稿,勤工俭学,减轻家庭负担。正因如此,黄汲清不但学业成绩优异、而且基本功扎实,不少老地质学家都赞叹道:"从来没见过谁的野外记录本有黄汲清先生的那样漂亮、工整"。的确,一般地质工作者,在野外考察时,一手拿着野外记录簿,一手拿笔站着(或坐着)写写画画,都没什么情绪,多半是潦草几笔,到了住地再端坐桌前慢慢整理。可是黄汲清的"野簿"不管中文、外文都书写得端庄、秀丽,他画的地质素描图都可以不加修改直接出版。黄汲清这些"绝活"深受师友青睐和敬佩。1928 年 4 月，黄汲清与同班同学朱森、李春昱、杨普威在毕业前夕在当时任农商部地质调查所所长的翁文灏率领下到热河北票煤矿实习，填绘地质图，发现了复杂的阿尔卑斯型"纳布构造"（逆掩推覆构造），也为翁文灏的"燕山运动"理论提供了很多实际资料。黄汲清的卓越才能也给翁文灏留下了深刻的印象。当年秋，黄汲清毕业后考入地质调查所，翁竟然安排刚入所的黄在自己的大办公室里办公，办公桌就挨着秘书，真是难得的礼遇。翁与丁文江经常来往，丁文江想必对黄也有若干了解。

1930 年初，黄汲清在这次"西南大调查"中与丁文江会合后，表现也很出色。翁文灏所长发电报给黄汲清，说他出差已近一年，可以返北平休息了。黄却向丁文江表示，愿随丁先生一道工作，成为川粤铁路勘探队的一员，绝不半途而废。他跟丁和王曰伦、曾世英等一起又调查了一段时间，圆满完成任务，而于当年 6 月返回北平。

黄汲清回到北平以后，积极整理野外工作搜集的资料、采得的标本，努力从事室内研究，两年之间完成和发表了 6 部地质学和古生物学的专著，除前面已经提到的 5 种以外，还有一本是《扬子江下游栖霞石灰岩珊瑚化石》（与乐森寻合著，《中国古生物志》，乙种，第 8 号，第 1 册）。黄又随翁文灏于 1931 年 5 月去南京中央大学出席了中国地质学会第八届年会，并宣读了论文《秦岭大向斜之迁移》，后发表在当年的《中国地质学会志》（英文）第 10 卷上。黄汲清优异的学术成就更为丁、翁所赏识。他们不但工作关系很密切，而且私人友谊也很深厚。黄常去丁、翁贵府拜访，与两家亲人都很熟悉，而且还去北平西妙峰山鹫峰寺消暑。1932 年夏，在丁、翁的鼓励和支持下，黄汲清申请到了中华教育文化基金会资助去瑞士留学。

黄汲清 1932 年 8 月抵达瑞士，经日内瓦、苏黎世、伯尔尼等地，辗转于 1933 年春到浓霞台大学读研究生。当年秋，丁文江在参加完美国华盛顿举行的第 16 届国际地质学大会后，专程到瑞士日内瓦约见黄汲清，特别告诉他，在这次国际盛会上美国耶鲁大学教授、二叠纪地层研究的权威舒克特专门引用他的中国二叠系划分方案，使他大感欣慰。临别之前，丁文江特别对黄汲清说："你还年轻，前程无量，我们对你的希望无穷。我的这架布朗屯罗盘，用了几十年，已经旧了，送给你作纪念吧！"

黄汲清 1935 年 6 月在农霞台大学荣膺博士学位，7 月离瑞士相继访问了德国、比利时、荷兰、英国、瑞典、美国，于 1936 年 1 月 20 日回国抵上海，听说丁文江已于半个月前（1 月 5 日）因出差湖南煤气中毒并发其他症状而在长沙逝世，黄因痛惜老恩师而大哭一场。他后来到了南京实业部地质调查所（前一年由北平迁往南京），向翁文灏所长汇报。翁已于前一年任行政秘书长，逐渐步入政界，就立即任命黄汲清为该所"地质主任"（相当于"总工程师"），逐步交班给他。1937 年 4 月翁文灏要随孔祥熙去伦敦参加英皇乔治五世的加冕礼，临行前特任命黄为地质调查所代所长。3 月 22 日，翁致胡适的信上说："适之我兄，……地质所事交黄汲清君代理，此即在君（丁文江的字）与弟共同选为继任所长者。"这说明黄汲清早已是丁、翁内定的继任人选。这绝不是偶然的，是丁、翁从黄上大学到工作之初长期观察、培养的结果。而丁所领导的西南地质大调查也是其中一个重要环节。

综上所述，丁文江所领导的这次西南地质大调查，在出成果、出人才（特别是物色与培养接班人）两方面都有重大收获，在中国地质事业发展史上是一个意义非凡的情节。

参 考 文 献

［1］．Yatseng T Chao and T K Huang. The Geology of the Tsinlingshan and Szechuan［J］．Geol. Memoires, A, 1931,（9）：1~230

［2］．Ting V K. On the Stratigraphy of the Fengninian System［J］．Bull. Geol. Soc. China, 1931, 10：31~48

［3］．谭锡畴，李春昱．西康东部矿产志略［J］．地质汇报，1931，（16）：39~82，1~5（英文）

［4］．Huang, T. K. The Permian Formations of Southern China［J］．Geol. Memoirs, A, 1932,（10）：1~129

［5］．Huang, T. K. Permian Corals of Southern China［J］．Palaeont. Sinica, Ser. B, 1932, 8（2）：1~163

［6］．Huang, T. K. Late Permian Brachiopoda of Southern［J］．China, Pt. 1. Ibid., Ser. B, 1932, 9（1）：1~138

［7］．谭锡畴，李春昱．四川西康地质矿产志（附1：20万路线地质图）［M］．地质专报，甲种，1935，15

［8］．黄汲清．我的回忆：黄汲清回忆录摘编［M］．北京：地质出版社，2004：1~199

［9］．翟裕生主编．地质学史论丛·5［M］．北京：地质出版社，2009：1~430

二

践行社会主义核心价值观

践行社会主义核心价值观的光辉典范

——论杨衍忠精神的社会价值

陶雪琴

（江西地矿局九一五大队　南昌　330002）

摘　要　字里行间流露的是对工作的热爱和执着，在杨衍忠1963年2月10日记中这样写道："去和高山峡谷作伴，去和那大自然作战，荒山荒村无有路，吃穿困难少人烟，高山挡不住鸟儿飞，困难挡不住地质兵。一定要吃得苦，要艰苦些，再艰苦些，这里没有矿，到别处找。我们就是这样工作的，就是我们天天搬家，如果能为人民找到矿，就值得，否则，我们的生活舒服一点，但没有找到矿，也是不愉快的！"正如江西省委书记强卫同志在《杨衍忠日记选》一书的序言中说的："我们能真切地感受到一位共产党员的坚定信念，真切地感受到一位地质队员对找矿事业的无限热爱，真切地感受到一位科技工作者的博大胸怀。"

关键词　社会主义核心价值观　杨衍忠爱岗敬业精神

在畅想中国梦的凯歌声中，一批又一批模范人物以他们的先进事迹奏响了一曲曲时代主旋律的赞歌，他们用实际行动演绎着、践行着当代社会主义核心价值观。在厚重绵长的时代模范人物谱上，江西地矿局优秀共产党员、赣南队高级工程师杨衍忠的先进事迹又一次在赣都大地乃至全国唱响，成为我们学习的一个典范。他用毕生精力，带病坚持编写的600万字地质找矿文稿、几百张图片无偿献给国家，献给党。杨衍忠的事迹感人至深，集中体现了一个优秀共产党人在崇高理想与坚定信念的激励下所呈现的鞠躬尽瘁、死而后已的精神境界，集中展示了新时期地勘行业践行社会主义核心价值观的实际成果，集中呈现了地质工作者弘扬"三光荣"、"四特别"精神的时代风貌。他不仅是地质工作者的楷模，也是全社会的楷模。他的优秀品质和可贵精神，为我们树起了一座不朽的精神丰碑，为践行社会主义核心价值观树立了光辉典范。

1　杨衍忠精神树起了爱岗敬业的品牌

在我国经济高速发展的当今社会，在物质生活丰富的今天，我们应该珍视身边的典型，使之成为引领主流价值，践行社会主义核心价值观的旗帜。

爱岗敬业是人们对待自己所从事工作的一种积极态度，爱岗就必定会敬业，敬业就一定要爱岗，他们是一对孪生姐妹。一个人要想对社会有所贡献，一个人要想在社会上能很好的生存下去，就必须要把自己的每一个"岗"都"站好"。每个人的每个"岗"都"站"好了，我们的社会就不缺前进的动力，我们的社会就会是和谐温馨的大家庭。

杨衍忠在地质这个"岗"上，就竭力演好了自己的角色，唱好了属于自己的"一出戏"。笔者在整理杨衍忠 34 本日记本的过程中体会到，日记记录最多的是工作，是他的"岗"。字里行间流露的是他对工作的热爱和执着。在杨衍忠 1963 年 2 月 10 的日记中这样写道："去和高山峡谷作伴，去和那大自然作战，荒山荒村无有路，吃穿困难少人烟，高山挡不住鸟儿飞，困难挡不住地质兵。一定要吃得苦，要艰苦些，再艰苦些，这里没有矿，到别处找。我们就是这样工作的，就是我们天天搬家，如果能为人民找到矿，就值得，否则，我们的生活舒服一点，但没有找到矿，也是不愉快的!"正如江西省委书记强卫同志在《杨衍忠日记选》一书的序言中说的："我们能真切地感受到一位共产党员的坚定信念，真切地感受到一位地质队员对找矿事业的无限热爱，真切地感受到一位科技工作者的博大胸怀。"

杨衍忠用毕生精力，演绎了对党忠诚、无私奉献、爱岗敬业的感人乐章。他在日记中写道："党叫干啥就干啥，个人利益服从党的利益，全心全意把本质工作做好。"他 17 岁进入地质队，从此他把地矿事业作为终身追求。他在日记中这样写道："为祖国、为人民找矿，就是我们的目标；能为祖国人民找到矿，找到大矿，就是我们最大的幸福。"正是有了这份发自内心的对地质事业的热爱，他才乐此不疲、全身心地投入工作。他在病魔缠身的情况下，把满腔的热情化为实际行动，坚持几十年收集地质、矿产等资料，退休后继续发挥余热，以每年 30 万字的速度与时间赛跑，用信念和执着，完成了爱岗敬业的伟大绝唱。

每一个岗位，每一份事业都很平常，甚至于平淡，但又是人类赖以生存和发展的基础，也是社会主义得到发展的重要基石。因此，从根本上讲，世界上所有的物质财富和精神财富都是爱岗敬业的结晶。离开对岗位的坚守，缺少对敬业精神的持之以恒，任何工作都达不到完美，任何社会财富都是无根之木、无源之水。

敬业精神是中华民族的传统美德。伦理学家罗国杰曾经说过："职业道德在道德建设中具有非常重要的地位和作用。在一定意义上讲，职业道德是我国当前道德建设的一个突破口，对于改善整个社会风气，提高广大人民群众的道德水平具有很重要的意义。"可见，爱岗敬业在践行社会主义核心价值中的重要作用。

我们要在践行社会主义核心价值中学习杨衍忠，以杨衍忠爱岗敬业的精神激励每一个人，鞭策每一个人，让每一个人身体力行，从我做起，从平凡的岗位做起，为社会贡献每一份力量，为践行社会主义的核心价值做出应有的贡献。

2　杨衍忠精神昭示了和谐社会的价值取向

在改革的征途上，我国的经济得到了高速发展，但同时，各种矛盾也进入了高发期，由此，人们的思想观念也比较庞杂，发生了许多有悖道德底线的现象。这些现象和问题，对构建社会的和谐存在着一定的威胁。从这种意义上来讲，杨衍忠的精神，就是把人性中最善良、最美好的一面呈现给了我们。杨衍忠的精神在构建和谐社会的进程中，为我们起到了一个传导作用、一个标杆作用。

在杨衍忠身上折射出来的和谐家庭、和谐同事、和谐邻里关系的美好画面，让我们感受到一种爱的力量。在 1964 年 2 月 10 日的一则日记中，他这样写道："此次春节期间，我参加保卫值班工作。我组周星晨、毛细明、杨美琴同志利用节假日回家，给他（她）们解决了一些困难，将领的半月工资全部借给了他们，我很愉快。虽然春节期间，我身边存钱很少，但只要节约用钱就够了。……我已经8、9年未在家中过年，每逢春节，难免想起父母与家人。"一篇篇日记，就像一幅幅鲜活、感人的画面，催促我们用实际行动创建和谐美好的生活。

当前，我国现实生活中有着极端自私的倾向，甚至沦丧了道德底线，违背法律的尊严，比如，残害、拐卖妇女儿童案件频发，毒奶粉、地沟油的出现，我们还经常看到家庭成员之间、同事之间、朋友之间、同学之间，为了一些小事互不相让，自私自利，甚至大打出手。在一系列破坏社会和谐事件频发的背景下，杨衍忠精神就像生活中的一泓清泉，荡涤了我们心底的一切污浊；他的精神告诉我们要守望相助，引领我们为构建和谐社会而不懈努力。

3 学习杨衍忠精神 自觉践行社会主义核心价值观

党的十八届三中全会提出，要大力培育和践行社会主义核心价值观，巩固全党全国各族人民团结奋斗的共同思想基础。习近平总书记更是明确指出，只要中华民族一代接着一代追求美好崇高的道德境界，我们的民族就永远充满希望。榜样的力量是无穷的，杨衍忠的精神是我们取之不尽的源泉。我们在学习杨衍忠的同时，要把感动化为力量，在行动上向他靠拢。

向杨衍忠同志学习，要从自身做起，见贤思齐、从德向上；要牢固树立实干立身的进步观，坚决摒弃对工作冷淡厌烦、应付了事；要杜绝图清闲、怕麻烦的消极思想。

随着社会经济的高速发展，中国梦正在逐步实现，地质工作者的重要性也在不断增强。我们一定要以杨衍忠为榜样，为江西地矿事业，乃至国家的经济建设做出重要贡献。地质行业是个艰苦行业，是国家建设的先遣兵，我们需要千千万万个杨衍忠，无论面对任何艰难困苦，都选择执着坚守、爱岗敬业，充分实现个人价值，与大家一道共同创建和谐社会。

杨衍忠在日记中这样写道："党叫干啥就干啥，个人利益服从党的利益，全心全意把本职工作搞好。"正是有了这份对党无限的忠诚、对地质事业的无限热爱，杨衍忠才乐此不疲、毫无保留地把人生奉献给了地质事业。

当今社会，有很多年轻人吃不了苦，做事急功近利，急于求成。杨衍忠的精神成了当今社会的一面镜子。他勤勉敬业、鞠躬尽瘁的价值追求，正是建立在实干之上的。要想干好本职工作，就要热爱本职岗位。"干一行就要爱一行"，既然选择了自己的工作岗位，就要真心地热爱，把本职工作当成自己的事业去经营，只有这样才能以饱满的工作热情、严谨的工作态度，全身心地投入到本职工作岗位中去，才能在本职工作岗位上担当起重要的责任，踏踏实实、兢兢业业做好自己的工作，在平凡的岗位上创造出一流的工作业绩。

杨衍忠同志是我们身边的"红色基因"，是一笔无形又宝贵的精神财富。总之，我们要以他为标尺，既要热爱自己的本职工作，又要不断加强学习、提高创新精神，更要乐于奉献、爱岗敬业，处处强化责任意识、尽心尽力，为构建和谐社会，为国家的和谐稳定发展贡献自己的绵薄之力。

参 考 文 献

[1] 江西省地矿局. 杨衍忠日记选 [M]. 南昌：江西人民出版社，1998

培育和践行社会主义核心价值观的思考

兰书慧

（中国地质调查局天津地质调查中心　天津　300170）

摘　要　培育和践行社会主义核心价值观，是党的十八大提出的一项战略任务，是实现中华民族伟大复兴中国梦的强大精神动力，是全党全社会的共同责任。培育和践行社会主义核心价值观，宣传引导是前提，实践活动是途径，与实际相结合是落脚点，充分依靠职工群众是根本，坚持不懈的培育和践行社会主义核心价值观，推进地质调查事业快速发展。

关键词　培育　践行　社会主义核心价值观

培育和践行社会主义核心价值观，是党的十八大和十八届三中全会提出的一项战略任务，是"凝魂聚气，强基固本的基础工程"。培育和践行社会主义核心价值观，为实现中国梦凝聚强大精神动力，是当前思想政治工作的重中之重，是全党全社会的共同责任。如何使社会主义核心价值观真正成为人们思想行为的导向力，激发内心的活力、工作的积极性和创造力，是思想政治工作者要认真思考和努力解决的问题。笔者认为培育和践行社会主义核心价值观，应做到四个坚持。

1　坚持宣传引导

坚持宣传引导是培育和践行社会主义核心价值观的前提。思想观念是行为的先导，决定着人们的行为。要使社会主义核心价值观内化于心、外化于行，真正被人们所认同、所接受，成为人们追求的思想准则，行为指南，必须坚持做好宣传引导，这是培育社会主义核心价值观的基础和前提。

党的十八大提出："倡导富强、民主、文明、和谐，倡导自由、平等、公正、法治，倡导爱国、敬业、诚信、友善"，这"三个倡导"是社会主义核心价值观的基本内容和要求。虽然只有 24 个字，但字字经过千锤百炼，语言精练，内涵丰富，包含了博大精深的中华传统文化精髓。所以，我们不仅要使干部职工熟知"富强、民主、文明、和谐，自由、平等、公正、法治，爱国、敬业、诚信、友善"，更要使他们懂得其精神实质，文化渊源。引导干部职工正确理解和掌握社会主义核心价值观的表述和内涵，使之能自觉遵守和奉行。然而，让社会主义核心价值观人人皆知，入脑入心并融会在日常工作和生活中，却不是一件容易的事。在这方面，我们曾有过深刻的教训，许多时候都未能如愿以偿。对此，李瑞环同志曾讲过一段话，他说："在封建社会里，统治者为了宣传他们的道德，采用了许多办法。比如《三字经》、《千字文》、《道德经》、《女儿经》、《神童诗》、《治家格言》等等，搞得通俗易懂，妇幼皆知，乃至说书、唱戏等等宣传的都是它那一套，相比之下，我们的工作深度就差得多。"[1] 在宣传引导培育和践行社会主义核心价值观的过程中，应该汲取过去的教训，既要坚持常抓不懈，坚定不移地做好宣传引导工作，又要避免刮风，搞形式主义。

党中央高度重视，主流媒体一马当先，弘扬主旋律，传播正能量，全社会宣传引导培育社会主义核心价值观的舆论氛围已经形成，形势喜人。但仅此还不够，单位还要结合实际，因地适宜，采取各种形式开展宣传引导工作，增强职工群众对社会主义核心价值观的内心感悟，比如组织专题培训、参观学习、辅导报告、演讲比赛、先进事迹报告会、出版专刊等。既要充分利用大众媒体的宣传功能，又要发挥好本单位的宣传阵地作用，将大道理和生动活泼的具体实践结合起来，使社会主义核心价值观形象化、具体化，使它的内涵和要求根植于干部职工内心，成为价值追求和实践的目标。

在宣传引导培育和践行社会主义核心价值观的过程中，要对党员、领导干部提出更高的要求，注重发挥党员、领导干部的示范带头作用，创造条件让他们多学一点，学深一点，使他们成为核心价值观的自觉践行者，真正起到"领头羊"的作用。当前社会上暴露出来的领导干部腐败案件，充分说明了它的重要性和必要性。可以说腐败分子失去了对社会主义核心价值观的责任感，更没有去自觉实践它，他们失去了高尚的精神追求，心中只有膨胀的私欲。很难想象，在这些人领导的单位中风气会正，社会主义核心价值观的正能量会得到充分释放，对党员和职工群众会有影响力、凝聚力和感召力。发挥共产党员在培育和践行社会主义核心价值观中的先锋模范作用至关重要，这也是一种无形的力量。以天津地质调查中心为例，党员人数已占职工总数的60%，如果党员的表率作用得到应有的体现，这种榜样的力量一定会引领风尚，带动全体职工，爱岗敬业，有所作为。

2　坚持实践活动

坚持实践活动是培育和践行社会主义核心价值观的根本途径。中华传统文化历来强调知行合一，"知"是"行"的思想引导，"行"是"知"的实践转化，也是落脚点。"天下之事不难于立法，而难于法之必行。"培育和践行社会主义核心价值观的最终目的，就是要使之成为人们的社会实践，行为准则。

推进培育和践行社会主义核心价值观，首先要明确责任主体，中央对此已明确是全党全社会的责任。作为地勘单位的党组织和行政领导首先要认识到位，增强自觉性和责任感，切实担负起政治责任和领导责任，要认真贯彻中央关于两手抓，两手都要硬的方针，把培育和践行社会主义核心价值观列入重要工作日程，与地质调查业务、行政工作同部署，同推进，同考核，营造弘扬践行社会主义核心价值观的良好环境。

其次要讲究方式方法，使培育和践行社会主义核心价值观得以顺利实践并取得成效。正如毛泽东同志所说："我们不但要提出任务，而且要解决完成任务的方法问题。我们的任务是过河，但是没有桥或没有船就不能过。不解决桥或船的问题，过河就是句空话，不

---

① 李瑞环 . 2005. 学哲学 用哲学 . 中国人展大学业出版社，640 页

解决方法问题，任务也是瞎说一顿。"① 要使培育和践行社会主义核心价值观落地生根，就要设计好活动载体，使无形的社会主义核心价值观理念通过具体的活动，由活生生的人和感人的事诠释出来，增强干部职工的理解、认同和共识。天津地质调查中心多年来坚持开展劳动模范、岗位标兵、建功立业示范岗、道德模范、天津好人等评选、表彰活动，树立了一批不同岗位上的先进人物，例如评选王宏同志为全国先进工作者，王宏同志心系祖国，在比利时取得博士学位后，毅然携家人回国，全身心投入自己所热爱的海岸带地质研究工作中，期间正值地质工作环境困难时期，他发扬艰苦奋斗、淡泊名利、求实奉献精神，以发展海岸带地质事业为己任，以自身人格力量，影响和培养年青人，带出了一支优良的团队，取得显著成就，受到同行和中心职工的赞誉。用身边的人身边的事，用先进人物的崇高精神和道德力量来感染干部职工，引导他们如何工作、学习和生活才有价值，容易为他们所接受、学习、效仿和超越，也增强了社会主义核心价值观的吸引力、感染力。

事实告诉我们，发挥先进典型的示范引领作用，是一种推动工作的有效方法，它不会因时代变迁而失效，只能是随着社会时代的发展常抓常新，历久不衰。

在培育和践行社会主义核心价值观的过程中，要处理好共性和个性的关系，就是要注意工作的针对性。开展核心价值观的实践活动与其它工作一样，职工也会有一些关心的热点问题、疑惑问题，工作中也会有难点问题，对这些问题要让职工有渠道讲出来，组织者有渠道了解到。问卷调查、座谈会等形式是目前比较普遍采用的方式，问题在于问卷调查表要设计科学合理，座谈会要有民主气氛，要让干部职工能够充分表达真实想法和意见建议。只有了解了职工的真情况、真想法，有针对性地解惑释疑，开展工作，才能使培育和践行社会主义核心价值观不断深入下去，取得实效。

培育和践行社会主义核心价值观责任在领导，关键在实践。只要各级领导真正担负起责任，采取职工喜闻乐见、寓教于乐的活动载体，坚持不断用崇高精神和道德力量感染职工群众，引领价值取向，培育和践行社会主义核心价值观就一定会硕果累累。

3 坚持与实际相结合

坚持与单位实际相结合是培育和践行社会主义核心价值观的落脚点。当前，我们正处于深化改革发展关键时期，人们的思想认识复杂多元、社会价值更加多样，地勘单位人员结构、干部职工的思想观念、价值取向也千差万别，只有将培育和践行社会主义核心价值观的实践融合于具体环境中，具体工作中，才会搞得生机勃勃，大放异彩。

地勘行业的工作环境和工作特点，决定了培育和践行社会主义核心价值观的独特性。多年以来，地勘行业形成的"以献身地质事业为荣、以艰苦奋斗为荣、以找矿立功为荣"的"三光荣"精神，诠释了地质工作者的价值追求，是社会主义核心价值观在地勘行业的具体化，为培育和践行社会主义核心价值观提供了实践素材。天津地质调查中心坚持以文化建设为抓手，将社会主义核心价值观的精神融于单位文化理念，

---

① 毛泽东.1934.关心群众生活注意工作方法

引导干部职工爱岗敬业，积极进取，团结奋斗，创新奉献，认真总结多年来广大干部职工的实践经验，提炼出中心精神和价值理念，即"爱岗敬业、团结协作、甘于奉献、善于学习、创新思维、精益求精、注重勘查，勇攀高峰"。确定了"造就领军人才、建设一流团队、保障资源环境、服务社会需求"的奋斗目标，这些充分体现了社会主义核心价值观的理念，是中心的价值追求，为社会主义核心价值观落地生根提供了沃土，使社会主义核心价值观开出绚丽的花朵。多年的实践充分说明，培育和践行社会主义核心价值观，坚持持之以恒地与单位实际结合，职工的思想道德素质、精神境界就会不断升华，单位的发展就会顺利推进。

4　坚持依靠职工群众

坚持依靠职工群众是培育和践行社会主义核心价值观之本。培育和践行社会主义核心价值观是一项铸魂工程，离不开职工群众这个主体，这个根本。职工群众是社会主义核心价值观的承载者，又是培育和践行者。随着实践的不断发展，社会主义核心价值观正成为引领人们同心奋斗的梦想之舵，激发活力的精神之钙，兴国之魂。培育和践行社会主义核心价值观，最终目的是使职工群众将自发的价值观念由感性向理性升华，使正确的价值观被普遍接受、理解、掌握，并转化为一种社会意识，成为大家行为的自觉追求和准则。

社会主义核心价值观分为国家、社会和个人三个层面。培育和践行社会主义核心价值观对于职工群众而言，就是要把"富强、民主、文明、和谐"作为永恒的追求目标，把"自由、平等、公正、法治"作为社会价值取向，把"爱国、敬业、诚信，友善"作为行为准则。要实现上述目标，对于我们地勘单位来说，就是要始终坚持以人为本，没有职工群众的积极性和创造性，培育和践行社会主义价值观将是无本之木。要充分尊重职工的主人翁地位，充分发挥职工的主人翁作用，通过职代会等多种民主管理形式，真正发挥职工参与单位民主管理的积极作用，使单位的各项决策民主化、科学化，避免朝令夕改。如深入开展合理化建议活动，让职工的聪明才智为单位发展出谋给力。爱国不是一句空话，爱国最直接的是要引导职工爱自己工作的单位。有句话说得好，国是千万家，家是国的家。国家正是由无数个大大小小的单位构成的具体国家。过去人们倡导"爱社如家"，就是提倡要像爱自己的家一样热爱自己的单位。家兴我荣，家衰我耻，把自己的荣辱与单位的发展紧紧地扣在一起，脚踏实地，爱岗敬业，在实现中国梦的伟大复兴中更需要这种态度和精神。此外，因地适宜广泛开展各种形式的文体活动，增强职工的亲和力，培育团结协作的良好作风，关心职工的生活，当他们遇到困难时及时伸出援助之手，以增强单位的凝聚力，这些活动都可以让职工深深感到自己是单位一分子，有归属感，以此为自豪，为此而努力。

总之，要通过各种有效途径，让职工群众在培育和践行社会主义价值观过程中唱主角。马克思在谈到历史与人的关系时说："历史是什么事情也没有做，它'并不拥有任何无穷无尽的丰富性'，它'并没有在任何战斗中作战'！创造这一切、拥有这一切并为这一切而奋斗的，不是'历史'，而是人，现实的、活生生的人。"① 只要我们真心实意依靠职工群众，在培育和践行社会主义核心价值观过程中就会不断迸发出新的闪光点，推进地勘单位两个文明建设快速发展。

培育和践行社会主义核心价值观不是权宜之计，是我们党总结历史经验，思考现实和长远发展，做出的重大战略部署，是加强精神文明建设的重要举措，是实现中国梦的精神力量。做好这项工作，必须汲取历史教训，不能搞一阵风，风过事毕。也不能像龟兔赛跑中的小兔，跑跑停停，最终以失败而告终。只要我们认真贯彻党的十八大和十八届三中全会的精神要求，坚持不懈地培育和践行社会主义核心价值观，就一定能够达到预期目标，为促进地质调查事业健康快速发展，实现中华民族伟大复兴的中国梦贡献力量。

参 考 文 献

[1] 胡锦涛. 坚定不移沿着中国特色社会主义道路前进，为全面建成小康社会而奋斗——在中国共产党第十八次全国代表大会上的报告 [N]. 人民日报，2012 – 11 – 18（02）

[2] 中共中央宣传部. 习近平总书记系列重要讲话读本 [M]. 北京：学习出版社，人民出版社，2014

[3] 中共中央关于全面深化改革若干重大问题的决定 [EB/OL]. （2013 – 11 – 12）[2014 – 10 – 11]
http：//www. scio. gov. cn/zxbd/tt/Document/1350709/1350709. htm

[4] 中共中央办公厅印发《关于培育和践行社会主义核心价值观的意见》[EB/OL]. （2013 – 12 – 23）[2014 – 10 – 11]
http：//news. xinhuanet. com/politics/2013 – 12/23/c_ 118674689. htm

---

① 姜春云. 2004. 桥和船. 新华出版社，351 页

浅谈培育和践行社会主义核心价值观的方式和途径

——以中国地质图书馆为例

梁　忠　马伯永　堵海燕

（中国地质图书馆　北京　100083）

摘　要　本文分析了社会主义核心价值观的内涵和特征，阐明了培育和践行社会主义核心价值观意义，在此基础上结合本单位工作实际总结了培育和践行社会主义核心价值观的途径。

关键词　图书馆　社会主义核心价值观　读者服务

2012 年 11 月，党的十八大报告首次以 24 个字，分别从国家、社会、公民三个层面，概括了社会主义核心价值观，倡导富强、民主、文明、和谐，倡导自由、平等、公正、法治，倡导爱国、敬业、诚信、友善。2013 年 12 月，中共中央办公厅印发了《关于培育和践行社会主义核心价值观的意见》，要求各地区各部门结合实际认真贯彻执行。《意见》将社会主义核心价值观定义为"党凝聚全党全社会价值共识作出的重要论断"，为积极培育和践行社会主义核心价值观指明了方向。

图书馆行业作为传播先进文化的重要阵地，在培育和践行社会主义核心价值观方面有着更加重要的责任担当。培育和践行社会主义核心价值观，首先应充分认识其重要意义，并对其概念内涵和基本特征进行清晰的界定和科学把握。

1　践行社会主义核心价值观的意义

面对世界范围思想文化交流交融交锋形势下价值观较量的新态势，面对改革开放和发展社会主义市场经济条件下思想意识多元多样多变的新特点，积极培育和践行社会主义核心价值观，可以巩固马克思主义在意识形态领域的指导地位，巩固全党全国人民团结奋斗的共同思想基础，促进人的全面发展，引领社会全面进步，为全面建成小康社会、实现中华民族伟大复兴中国梦集聚强大正能量。

图书馆是公益性的社会服务机构，是一种文化服务单位，其本身的核心价值在于"读者至上，服务第一"，为用户提供最快、最广、最好的文献阅读及查询等服务。因此，对于图书馆来说，服务是其最为核心的内容，是一切工作的重中之重。广大读者是图书馆的服务群体，图书馆所提供的服务能影响人们的思想意识形态、价值观念、思想状况，从而影响人们开展社会主义建设的水平，因此，图书馆在社会主义核心价值观的形成和建设过程中具有特殊的地位和作用。

2 社会主义核心价值观的内涵及特征

社会主义核心价值观是在以马克思主义为指导思想，以实现中国特色社会主义共同理想为目标，坚持以爱国主义为核心的民族精神和改革创新为核心的时代精神相结合的时代背景下实现的，是社会主义核心价值体系的高度凝练和集中表达。它对一个社会发挥根本性指导作用，影响社会成员行为取向的最根本的价值理念或价值目标。社会主义核心价值观除基本的、通用的价值元素之外，还具有结合国家文化历史传统和发展现状的价值元素。其基本特征有五个：一是理想性，二是稳定性，三是统摄性，四是共识性，五是建设性。所谓理想性是指核心价值观把理想同实践相结合，既反映现实又超越现实。所谓稳定性是指核心价值观是一个社会最根本、比较恒定的价值观，一旦确立将成为人们共同遵循和维护的根本价值准则。所谓统摄性是指核心价值观处于价值观、价值体系和核心价值体系的中心地位。所谓共识性是指核心价值观是这个社会普遍认同的价值理想、价值信念、价值信仰的集中反映。所谓建设性是指核心价值观不是单纯依靠社会自发形成，而是需要逐渐认识、科学揭示其内在发展的规律，有赖于社会各界积极建设。

3 中国地质图书馆践行社会主义核心价值观的方法和途径

图书馆作为促进社会文明进步的重要力量，肩负着"真诚服务读者，促进信息传播，共建社会文明"的责任与使命，面临新任务与新要求，同样需要以社会主义核心价值观凝聚共识、汇聚力量、引领发展。为此，中国地质图书馆上下将培育和践行社会主义核心价值观贯穿于本单位改革发展全过程，综合运用教育学习、文化熏陶、实践养成、制度保障等，使之内化为广大员工的价值取向，外化为广大员工的自觉行动，夯实图书馆全面深化改革的思想基础，促进一流图书馆目标的实现。

3.1 把践行社会主义核心价值观融入思想政治工作中

2014 年，图书馆党办和工会都把践行社会主义核心价值观作为年度重要工作内容，以促进社会主义核心价值观得到践行和落实。用社会主义核心价值观凝聚精神，增强职工的向心力。按照"富强、民主、文明、和谐"的要求把握图书馆的发展方向，遵循"自由、平等、公正、法治"的原则提升图书馆内部管理，围绕"爱国、敬业、诚信、友善"的要求提升职工思想道德素质，营造良好融洽的工作环境和氛围。根据馆党委的要求和部署在全馆广泛开展"社会主义核心价值观"主题教育实践活动，以馆党委为中心组组理论学习带动各支部、处室的学习，通过印发材料、观看电影或视频、组织论坛和研讨等形式开展社会主义核心价值观理论学习教育，进行践行社会主义核心价值观典型事迹的宣传。通过学习教育把实现图书馆发展的整体价值与实现干部职工自身价值结合起来，形成图书馆干部职工共同的理想信念、价值追求和工作规范，进一步巩固实现图书馆跨越式发展的共同思想基础，着力锤炼新时期图书馆职工弘扬"三光荣"精神，从而为助推地质找矿突破战略行动的顺利实施提供强大的动力源泉。

3.2　把践行社会主义核心价值观融入到文化建设中

社会的核心价值是图书馆核心价值观的基础，根植于图书馆的组织文化中。从《中国图书馆员职业道德准则（试行）》第一条"确立职业观念，履行社会职责"可以看出，要想履行好社会职责，须先确立职业观念，图书馆要践行好社会价值观，须先培育和践行好图书馆自己的价值观。通过重申职业使命与社会责任，形成图书馆人对自身职业价值的共识。

地质图书馆创立近百年来，积淀了较为深厚的文化底蕴，对原有文化进行整合和创新，秉承"有馆尤贵有书，有书尤贵有用"的馆训，图书馆提出了"事业立馆、服务兴馆、文化强馆"的发展理念和"爱馆、敬业、图新、奉献"的图书馆精神。根据十八大精神和部、局加强文化建设的精神，结合图书馆实际，制定了《中国地质图书馆文化建设实施方案》，主要通过五个方面开展文化建设，一是主攻精神文化，通过挖掘和弘扬图书馆精神内涵，形成全体职工共同遵守的图书馆价值观和理念。二是规范制度文化，建立规范完善的制度体系和科学有效的考评机制，有效规范图书馆管理行为，提高管理的科学化水平。三是推进行为文化，大力推进行为管理标准，抓好职工的行为养成规范，倡导求真务实、严谨细致的优良作风。四是提升物质文化，运用物质形象建设手段，营造图书馆整体文化氛围，提升图书馆整体形象。五是加强服务文化，主要指树立先进、正确服务观，塑造良好服务形象，创出图书馆服务品牌。为进一步转变工作作风，图书馆还提出了《中国地质图书馆读者服务公约》，为塑造具有凝聚力和战斗力的服务团队提出了具体要求。图书馆营造和培育先进的图书馆文化，体现着践行一个公民"爱国、敬业"的精神，体现着为读者"平等、公正"服务的精神，体现着促进祖国"富强、文明、和谐"的精神。

3.3　把践行社会主义核心价值观融入到为读者服务中

毛泽东在《实践论》中说"道德行为养成重于道德知识传授"。社会主义核心价值观本身具有强烈的实践性，践行社会主义核心价值观，重点体现在图书馆的服务行为上，渗透于图书馆发展的整个过程。

近几年，图书馆在做好到馆服务的同时，推进主动上门服务，进一步扩大服务范围，从局系统走向全国地勘单位，借鉴企业市场策划与营销理念，不仅要向社会宣传图书馆的设施，更让社会了解图书馆的资源、服务与发展战略，以各种方式"刺激"读者对图书馆的认识与需求。坚持实施"走出去"战略，到煤炭、冶金、有色、黄金武警部队等行业和部门几十家单位开展需求调研，宣传图书馆资源与服务，提供学科咨询服务。在开展学科服务时，会不时有人惊叹："还有这么一个单位，我们以前都不知道!"这句话不断增加着图书馆"走出去"的理由,增强了图书馆"走出去"的决心。图书馆不但通过学科馆员、报纸、网站,宣传图书馆的资源、服务和工作规划,还通过加强情报研究,增加刊物数量,提高办刊质量,为政府和地调科研生产单位提供高质量的参考咨询服务。图书馆坚持公益定位,坚持每年活动日开展科普下乡,科普进农村、校园、社区等公益活动,为小学生、农民、普通居民普及地学文化知识,保障公民"平等"获取信息权力,促进了社会"和谐",扩展了图书馆服务范围。通过推进移动数字图书馆建设,设立自助图书馆,不仅增强读者的阅读兴趣,还提高了图书馆的服务效率。

图书馆在古代藏书阁时期,其核心价值体现为社会赋予的收集和保存文献资料的责任;近代,随着知识的显性化、透明化和大众化,图书馆作为文化传播与交流的渠道,核心价值就转化为提供信息服务,满足读者需求;现代图书馆,藏书和网络技术相对成熟,图书馆的核心价值体现在为读者提供深层次的知识服务上。地质图书馆从"深化服务内容"为专项工作推进了社会主义核心价值观的具体落实。从2013年开始,在基本实现了馆藏资源数字化、数字资源网络化等业务发展的基础上,地质图书馆正着力打造"开放式服务体系",通过"大数据"、"大研究"、"大服务"、"大党建"、"大平台"五大计划的实施,构建一个知识资源建设与用户群体互动、服务与需求互动、馆员与读者互动,物理空间与知识资源空间高度开放、用户高度参与的现代开放式服务体系。进一步深化学科馆员服务、专题服务、学科情报服务等服务内容,进一步加强与读者的联系与沟通,及时了解需求和意见,利用图书馆现有的地学文献优势、人员和技术力量,针对读者的多样化需求,从大量的信息资源中分析、挖掘,通过电子信箱、短信、微信、基于云计算的主动服务平台等方式,建立读者需要什么我就提供什么的主动信息服务模式,彻底实现"以自我为中心"向"以读者为中心"的转变。在服务理念和服务方式的转变中,不断完善服务模式,实现角色转变;在资源建设、服务和需求的互动中,构建图书馆开放式服务新格局,提高图书馆服务水平和质量。

4 小结

有人预测:到2020年,知识的总量将是现在的3到4倍,时间优势已经成为信息时代最强大的竞争武器,和现代搜索引擎相比,图书馆的文献检索优势正在丧失,用户的读书习惯正在发生变化,文献信息查阅的多元化格局已经形成……面对这些挑战,地质图书馆人并没有退却,不甘于自身被边缘化。面向未来,面向发展,地质图书馆人都在不断反思,并在反思中践行着社会主义核心价值观,集图书馆的智慧积极应对社会、环境、技术的变革。阮冈纳赞曾说:"不管图书馆坐落在什么地方,开馆时间和设备怎样,也不管图书馆的管理方法怎样,一个图书馆成败的关键还是在于图书馆工作者。"我们有理由相信,通过践行社会主义核心价值观,把社会主义价值观融入每个馆员的工作生活和精神世界,地质图书馆人将凝聚出实现"建设国内一流图书馆"的强大正能量,使图书馆的影响及其社会价值不断扩大。

参 考 文 献

［1］许立玲，王岳喜．知行合一践行社会主义核心价值体系——我校践行社会主义核心价值体系经验总结［J］．
　　山东商业职业技术学院学报，2011（4）：81～83，105
［2］齐绩，孔卫红．社会主义核心价值体系大众化的学理探究及践行机制［J］．河北学刊，2012（4）：221～223
［3］王鑫，李洪宇，李礼．在水利实践中践行社会主义核心价值体系［N］．中国水利报，2009－07－30（001）
［4］林文漪．深入开展树立和践行社会主义核心价值体系活动 切实提高台盟政治思想素质和工作实践能力［N］．
　　团结报，2010－08－24（001）．
［5］刘峥，刘新庚．社会主义核心价值观实现路径探索［J］．求索，2011（9）：122～123＋135
［6］刘娜．新时期大学生社会主义核心价值观的实现路径［J］．兰州教育学院学报，2012（5）：101～103
［7］俞传正．图书馆核心价值的历史解读［J］．图书与情报，2007（3）：10～14

试论社会主义核心价值观
与新时期地质行业精神之契合

杜小红

（中国地质调查局武汉地质调查中心　武汉　430205）

摘　要　社会主义核心价值观是推动和促进社会主义建设，构建和谐社会，催人奋进的无价之宝。新时期地质行业精神必须以社会主义核心价值观为导航之灯、试金之石、固本之源、飘扬之旗、高悬之剑，使新时期地质行业精神凸显时代性、体现先进性、保持传承性、爆发激情性、落实践行性。让新时期地质行业精神同社会主义核心价值观完美地契合起来。

关键词　社会主义核心价值观　新时期地质行业精神　契合

党的十八大报告在深刻剖析我国现阶段的基本国情的基础上，为引领社会思潮，凝聚社会共识，弘扬高尚正义，传承民族精髓；并以毛泽东思想、邓小平理论、"三个代表"重要思想、科学发展观为指导；以社会主义核心价值体系为基础，概括凝练出"要倡导富强、民主、文明、和谐，倡导自由、平等、公正、法治，倡导爱国、敬业、诚信、友善"的社会主义核心价值观。社会主义核心价值从不同层面规范了国家和公民的核心价值追求，制定了公民所必具备的优雅风范的行为准则，漂亮地打造了更完善、更系统、更丰富的社会主义的价值构造体系。它是科学的、开放的、先进的核心价值观，是有力度、有尊严、有魅力的核心价值观。在我们举国上下同心协力建设美好家园，万众一心共筑"中国梦"的今天，社会主义核心价值观正是推动和促进社会主义建设，构建和谐社会，催人奋进的无价之宝。

地质行业是国民经济的一个很特殊的行业，尽管它不算太大的行业，人员也不是很多，但是地质行业毋庸置疑是一个关乎国家兴旺发达、人民生命安全的一个不可或缺的重要的、基础的行业。国家战略部署离不开它，工业生产所需资源离不开它，寻找能源离不开它，改造生态环境离不开它，战胜自然灾害离不开它，筑路修桥离不开它，建设安心家园离不开它……可以说没有地质工作者基础的地质勘查、地质勘探、地质找矿工作，这个社会就无法正常运行。因此地质行业一定要心系国家安危，充当好经济建设急先锋、开创者。但是地质行业要高速优质发展，更需要依赖从事地质工作的地质科研人员他们的精神风貌，依赖于他们的职业素养，依赖他们的道德情操。所以地质行业必须树立起能够统领广大地质工作者思想和意志，能够激发广大地质工作者奋勇争先的新时期的地质行业精神。而要树立新时期地质行业精神就离不开社会主义核心价值观这个无价之宝。新时期地质行业精神只有植根于社会主义核心价值观这棵大树，只有同社会主义核心价值观血脉相连，只有同社会主义核心价值观完美地契合起来，才能挺立地质工作者的精神脊梁，才能打开地质行业的新局面。

1 新时期地质行业精神必须以社会主义核心价值观为导航之灯，使新时期地质行业精神凸显时代性

顺应时代者昌、背逆时代者亡，这是历史给我们深刻的警示、教训和启迪。我国正处在全面改革的大时代，改革的大潮已经波及到地质行业在内的我国社会的每一个领域，改革要求人们必须不断地重新调整对待新事物和时代变迁发展的态度和认识。地质工作者的精神支柱——地质行业精神当然也应该在这波浪滔天的新时代的滚滚洪流中去搏击长流，去顺应时代的要求，这样才不会被淹没。社会主义核心价值观是党中央对新时代的精神价值的高度熔炼，是与时俱进新时期全民族精神价值的构建，它有对社会主义事业发展具有根本性的导向作用。因此新时期地质行业精神必须把社会主义核心价值观当成指引方向的导航明灯。在社会主义核心价值观的引导下，从振兴地质行业出发，从焕发地质工作者的热情出发，审时度势，把握新时代的主题，抓住新时代主流，摸清新时代的脉搏，研究新时代的发展趋势，并结合地质行业独特的工作性质、工作要求，提炼出能够彰显时代的特质、打上时代的烙印的新时期地质行业精神。

我认为新时期地质行业精神的时代性应主要体现在创新上。地质行业是一个知识科技高度密集的行业，在当今世界科学技术日新月异迅猛发展的背景下，地质行业既面临挑战也巧遇了机遇。因循守旧只能淘汰，锐意创新才能攻坚克难。为此需要在地质行业积极培育不拘一格的创新意识，倡导敢为人先的创新精神，鼓励地质学工作人员能够有更多的发明创造，探究出更多新的理论、方法、技术，这样地质行业才能够为国民经济建设发展做出更大更多的贡献。

相信只要我们新时期地质行业精神充满了创新的时代气息，在它的鼓舞下，地质人一定会和着新时代的节拍，唱着新时代的赞歌，在地质行业跨时代发展的征程上阔步向前。

2 新时期地质行业精神必须以社会主义核心价值观为试金之石，使新时期地质行业精神体现先进性

当前我们国家经济正在突飞猛进地发展，并取得了举世瞩目的成就，但是在精神层面确受到一些不良的思潮和观念的巨大的冲击、颠覆，导致了人们认知的分化、裂变，乃至出现一些极不和谐的错误思潮。这主要体现在对物质的极度崇拜、过度需求导致的信仰缺失、信念迷茫的社会意识的巨大困惑和道德观念的模糊不清。是的，时下物质的诱惑太难抵挡了。你看：名牌服饰加身展示的潇洒倜傥、美艳动人，的确让人羡慕；住高档别墅、驾着豪车的舒适享受，着实让人忌妒。此乃人本能之欲也，倒也无可厚非。但是有些人对这种享乐特别神往，对这些奢靡异常痴迷，不觉中打破了自己内心本是和和美美、安安宁

宁的平衡体系，迷迷糊糊地竟然想走"不正当"的捷径来达到"人间仙境"，其后果也可想而知。应该肯定地说现在国家还是非常重视地质事业，地质工作者的工资福利待遇有了很大幅度的提高。本来我们应该怀着感恩之心去努力工作；怀着反哺之情回报祖国。但是还是有些人不足不满不快，仍然产生浓浓的至上的物欲。他们用假发票套取国家的研究基金，用抄袭、虚假的手法获取学术资本，"泡野外"得实惠等等这些不法不正的手法来满足自己的欲望。因此这就迫切需要新时期地质行业精神具有最强生命力、最大影响力的先进性特质，才能够端正他们的立场，稳固他们的思想防线。社会主义核心价值观是社会意识的本质体现，是社会主义价值本质、价值现实和价值理想于一体的引领中华民族蓬勃向上、奋发有为的精神力量，闪耀着无比正确的真理的光辉。因此新时期地质行业精神必须以社会主义核心价值观为试金之石，来鉴别新时期的地质行业精神是否是本行业最先进的、最正确主流价值观？是否能够抵御任何不良思潮的侵袭？是否能够消灭所有动摇正义信念的私心杂念？是否能够打败无止境的物欲的追求？只有铸成先进无比的更有说服力、更有感染力、更有凝聚力的新时代地质行业精神，才能使地质工作者心明眼亮、辨别是非、净化心灵，才能极大提高地质工作者的思想觉悟。正所谓：明辨是非才能立场坚定，激浊扬清才能彰显主流。

有些人可能认为先进性只不过是高调的说教，是堂皇人的讲理，认为接受先进性的行业精神是别人强人所难地主宰，是无可奈何地被动承受，从而对先进性产生心理性的不满、逆反性的抗拒，这是很不对、很不应该的。其实我们不讲大道理，就仅仅换个角度从"不正则歪必受惩"的必然进程上讲，从"大老虎"、"小苍蝇"都将关进"笼子"上来讲，先进的地质行业精神就是地质人的"护身符"，能确保地质人"一生平安"的"护身符"，所以地质工作者应该愉悦欣然、积极主动地接受。

3 新时期地质行业精神必须以社会主义核心价值观为固本之源，使新时期地质行业精神保持传承性

新中国成立之初，百废待兴，国家建设迫切需要大量矿产宝藏，但却没有足够的能力为我们老一辈地质工作者提供良好的技术装备。可是我们老一辈地质工作者以国家兴亡为己任，紧紧依靠地质人简简单单"三件宝"，为国家找到大量矿产宝藏，为经济建设立下了不朽的功勋，令人敬佩的是，在他们挖掘到大量的矿产宝藏的同时也挖掘了"三光荣"、"四特别"的地质人宝贵的精神宝藏。"三光荣"、"四特别"精神是老一辈地质工作者不畏艰难、艰苦奋斗、无私奉献、勇往直前的真实写照；是老一辈地质工作者自强不息、顽强拼搏、埋头苦干、扎实工作的结晶。更令人感叹的是，"三光荣"、"四特别"精神与代表着中华民族独特的精神标识的社会主义核心价值观在内容上也是惊人的一致，它巧妙地将地质行业精神与社会主义核心价值观的进行了有机融合，直观、生动的再现了社会主义核心价值观，是社会主义核心价值观在地质事业的具体体现。因此新时期地质行业精神当然应该以社会主义核心价值观为固本之源，继承和弘扬"三光荣"、"四特别"的优良传统，让年青一代从传承"三光荣"精神中去

体验作为地质工作者的无尚"光荣"，从发扬"四特别"精神中去显耀作为地质工作者的"特别"荣耀，并在"特别"、"光荣"中去建造地质工作者的丰功伟绩。"三光荣"、"四特别"精神无论是过去、现在，还是将来它都应是地质行业主流的价值观，是新时期地质行业精神的灵魂，也是地质行业永恒的精神追求。

4 新时期地质行业精神必须以社会主义核心价值观为飘扬之旗，使新时期地质行业精神爆发激情性

提到地质行业大家就不约而同想到一个词——艰苦。的确地质行业是艰苦的，地质工作者的工作状态是残酷的。当他们在崇山峻岭、荒漠戈壁跋山涉水力不从心、艰辛劳顿时；遭遇雷雹冰雪、狂风暴雨侵袭胆战心惊、孤立无援时；面临酷热、严寒、疾病、孤寂骚扰身心交瘁、苦不堪言时，更相比别的行业能坐在"四季如春"的楼宇里悠闲地办公，轻松地挣钱，这巨大反差，这天壤之别的对比，不得不激起地质人心中的涟漪，让地质人心中郁闷纠结，甚至产生愤懑不平。这些不快心思的淤积、不满情绪的扩散必然会影响到所有地质工作者的精神状态和工作热情，进而影响到整个地质事业的健康发展。所以地质行业更需要一种坚强的信念去支撑，需要一股正义的力量去鼓舞。社会主义核心价值观体现了国家层面的政治理想、社会导向、行为准则的统一，在指导中国特色社会主义实践中展现了旺盛活力、无穷魅力和巨大威力。它不仅具有春风化雨、沁人心扉的温柔，更具有统帅性甚至征服性的强大的激荡人心的力量，能凝聚和牵引整个国家全体国民的思想意志力和向心力。所以新时期地质行业精神必须以社会主义核心价值观为飘扬的旗帜，让新时期地质行业精神具有聚合了威力无比正能量的催人奋进的激情，这种激情的爆发会势不可挡，会地动山摇，会激起地质工作者的共鸣，会振奋地质工作者的精神，会鼓舞地质工作者的斗志。它会让地质工作者们意气风发、豪气冲天、威武雄壮，任何艰难险阻都阻挡不了他们的踏遍千山万水的步伐，任何诱惑都不能削弱他们"找矿立功"的雄心壮志。这就是"气吞山河"的新时代地质行业精神的威力，这就是"人定胜天"的新时代地质行业精神的神奇。

5 新时期地质行业精神必须以社会主义核心价值观为高悬之剑，使新时期地质行业精神落实践行性

习近平总书记指出："一种价值观要真正发挥作用，必须融入社会生活，让人们在实践中感知它、领悟它。"是的，纸上得来终觉浅，绝知此事要躬行。新时期地质行业精神只有践行到地质工作者的工作中才有其存在的意义和价值，才能够焕发地质工作者的热情和活力，才能够促进和推动地质事业高速健康发展。社会主义核心价值观是实践经验的升华，并以指导实践为根本目的和最终归宿。实践性是社会主义核心价值观的本质特征。离开了实践、离开了生活，再好的价值观也只是空中楼阁。倡导社会主义核心价值观，就是要使社会主义核心价值观成为整个社会的共同价值追求，成为人民群众的具体价值实践，

成为引导和推动社会发展的精神动力。因此新时期地质行业精神必须以社会主义核心价值观为高悬之剑，去督促、去促进地质工作者将新时期地质行业精神内化为内心的自然的渴求，将新时期地质行业精神外化为行动的自觉的行为。在内有动力、外有压力的氛围中让我们地质工作者无时不在地在做甘于奉献、攻坚克难的地质事业进步的建设者；让我们地质工作者无所不在地在做勇于开拓、不断创新的地质事业发展的推动者。

我们坚信：在社会主义核心价值观的指导下，新时期地质行业精神一定会具备与时俱进的时代性、真知灼见的先行性、朝气蓬勃的激情性、"特别"、"光荣"的传承性。我们更坚信：在社会主义核心价值观的督促下，地质工作者一定会把社会主义核心价值观当成自己搏动有力的心脏，把新时期地质行业精神溶为身上奔腾流淌的血液，他们的一言一行都会展现出地质工作者无尽的风采，一举一动都在谱写地质事业的宏伟诗篇。

参 考 文 献

［1］朱训．弘扬三光荣精神 为全面建成小康社会而奋斗［C］.//中国地质图书馆．弘扬"三光荣"谱写新华章——地球科学与文化研讨会文集．北京：地质出版社，2014：3～6
［2］林培雄，王玉周．社会主义核心价值观根在实践［J］.求是，2013（10）：46～47
［3］赵金科．传承与超越：社会主义核心价值观的时代价值与理论品质［J］.社科纵横，2013（12）：13～17

弘扬地质行业精神与践行社会主义核心价值观

宋宏建

（河南地矿局机关党委　郑州　450012）

摘　要　从分析践行地质行业精神与践行社会主义核心价值观的内在联系入手，结合河南地矿局实际，对地质行业如何建立社会主义核心价值体系作出有益探索。

关键词　行业精神　社会主义核心价值观　践行　探索

党的十八大以来，党中央高度重视培育和践行社会主义核心价值观。习近平总书记多次作出重要论述，强调要加强社会主义核心价值体系建设，积极培育和践行社会主义核心价值观，全面提高公民道德素质，培育知荣辱、讲正气、作奉献、促和谐的良好风尚。国无德不兴，人无德不立，业无德不旺。回顾地质行业"三光荣"精神的形成，以及河南地矿局近年来大力弘扬并赋予了新的内涵的新时期地质行业精神，并结合开展党的群众路线教育实践活动，把践行社会主义核心价值观作为一项政治任务抓紧抓实抓好，对于凝聚河南地矿之魂、强固地质行业之基，起到了史无前例的创新推动作用。

1　弘扬地质行业精神与践行社会主义核心价值观密切相关

中国的地质事业发展至今，已有百年历史。1912 年南京临时政府在实业部设置的地质科是中国最早的地质机构。新中国成立初期，毛泽东主席在听取地质工作汇报后曾经指出，"地质工作搞不好，一马挡路，万马不能前行"。至于地质行业的"三光荣"优良传统，最早源于地质工作者的一句口号，反复锤炼出的"以地质为业，以深山为家，以苦为乐，以苦为荣"四个内容。1983 年 3 月，它经王震同志在全国地质系统基层模范政治工作者表彰大会闭幕式上，概括提出为"以献身地质事业为荣、以找矿立功为荣、以艰苦奋斗为荣"的"三光荣"精神，从此就深深扎根于祖国地质事业的每一寸土地，成为一代代地质人的根本遵循和无法割舍的文化基因。分析地质行业传统精神诞生的原因，一是为了适应建国初期，以至于相当长一段时期，甚至目前相对于其他行业来说地质工作长期在野外艰苦创业实践的需要，二是为了凝聚新中国成立以来地质人不畏艰难、敢于献身的崇高品德的需要，三是为了给一代又一代地质儿郎提供继续为祖国的地质事业戮力同心、无私奉献的强大的精神动力和力量源泉的需要。而总结老一辈地质人的心灵结晶和弘扬"地矿之魂"的目的，正是为了增强地质工作者的价值自信和自豪感，激发他们找大矿、找富矿的奋发激情，给国家和人民提供充足的矿产资源，为实现中华民族伟大复兴的

"中国梦"提供坚强的思想道德支撑。

党的十八大提出培育和践行社会主义核心价值观的根本任务是：倡导富强、民主、文明、和谐，倡导自由、平等、公正、法治，倡导爱国、敬业、诚信、友善。这24字的"三个倡导"，是党中央从适应国际国内大局的深刻变化出发，从推进国家治理体系和治理能力的现代化要求出发，从提升人民精神境界和实现民族复兴的宏伟目标出发，高度凝练、言简意赅地概括了社会主义核心价值观的基本内容。"富强、民主、文明、和谐"，是围绕国家层面上的价值目标，宣传阐释发展社会主义市场经济、民主政治、先进文化、和谐社会、生态文明的深刻内涵和重大意义，引导人们把实现个人理想融入实现国家富强、民族振兴、人民幸福的"中国梦"之中。"自由、平等、公正、法治"，是围绕社会层面的价值取向，继承和发扬马克思主义自由观，深入开展法治、形势、政策教育和民族团结进步教育，促进社会公平正义，建设充满活力、稳定发展、和谐有序的现代社会。"爱国、敬业、诚信、友善"，是围绕公民层面上的价值准则，传播和弘扬中华民族的传统美德，加强社会公德、职业道德、家庭美德和个人品德教育，持续提升全体国民的文明素质，凝聚起崇德向善、自立于民族之林的中国力量。

中国传统文化博大精深，学习和掌握其中的各种思想精华，对树立正确的世界观、人生观、价值观很有益处。古人所说的"先天下之忧而忧，后天下之乐而乐"的政治抱负，"位卑未敢忘忧国"、"苟利国家生死以，岂因祸福避趋之"的报国情怀，"富贵不能淫，贫贱不能移，威武不能屈"的浩然正气，"人生自古谁无死，留取丹心照汗青"、"鞠躬尽瘁，死而后已"的献身精神等，都体现了中华民族的优秀传统文化和民族精神，我们都应该继承和发扬。我们把弘扬地质行业的23字"三光荣"精神，和践行社会主义核心价值观根本任务的24字"三个倡导"联系起来，再与华夏民族5000多年连绵不断文明史上创造出博大精深的中华文化联系起来，从渊源和内涵上分析，哪一句不都体现了中国各族人民共同经历的非凡奋斗、共同创造的美好家园、共同培育的民族精神以及共同坚守的理想信念？所以我们可以毫无愧色地说：在我国的地质行业，继承和发扬代代相传的"三光荣"精神并赋予新的内涵，符合党的十八大精神，与当代中国建立社会主义核心价值体系的终极目标是一致的，与今天践行的社会主义核心价值观的根本任务是一致的。

2 地质行业践行社会主义核心价值观必须与行业实际密切结合

地质工作从它诞生的那天起，就承载着国家经济繁荣与富强的资源保障和地质环境、生态文明建设的重大职责，而承担这些责任的地质工作者从诞生的那天起，就注定要付出常人难以想象的艰难与困苦。所以说在老一代地质工作者的口口相传中，长期流传着顺口溜之一："远看像逃难的，近看像要饭的，跟前一立站，原来是搞勘探的"；顺口溜之二："有女不嫁地质郎，一年四季守空房。有朝一日把家还，背回一包破衣裳"；顺口溜之三："献了青春献终身，献了终身献子孙"；然而，地质人以献身地质事业为荣，无论地勘工作是在崇山峻岭、激流险滩，还是大漠戈壁、异国他乡，无论物质条件多么艰苦，精神生活多么贫乏，他们依然忍着与父母妻儿的长期别离，依然抱着坚定不移的政治信仰和高昂激情，用双脚和血泪丈量着祖国的每一寸河山，甘心奉献，矢志无悔。在为祖国寻找资源的漫漫征途中，不知有多少伟岸的身躯倒下了，不知有多少年轻的生命逝去了，但在他们的身后，却有无数的矿山、矿城迅速崛起，并支撑起共和国的大厦迅速崛起，支撑起中国的经济和地质事业迅速崛起。

从二十世纪八十年代后期开始，国民经济调整后国拨地勘费锐减，地质工作从此走入低谷，地勘队伍陷入前所未有的生存危机。然而，我们的地质人并没有放弃理想和希望，而是在困顿中执著坚守，在经历了痛苦、彷徨和犹豫之后，在艰难的生存中开始了二次创业，开始从本省走向省外、国外，并以创业经历的"青藏精神"为基础，逐步形成"特别能吃苦、特别能战斗、特别能奉献、特别能忍耐"的"四特别"精神，作为"三光荣"传统的发扬和光大。可以这样说，创作于上世纪50年代的《勘探队员之歌》，曾经激励着无数热血青年响应毛主席"开发矿业"的号召，把"为祖国寻找宝藏"作为人生的崇高理想，献身于祖国的地质找矿事业。荣获"五个一工程"奖的电影《生死罗布泊》，则是新时期地质工作者冒着生命危险，深入死亡之海践行"三光荣"、"四特别"精神的生动写照。另外，作为地质职工家属的一方，和他们的长年累月在野外披荆斩棘、风餐露宿的亲人一样，同样需要忍受长年累月的亲情别离、生活磨难。

习近平总书记指出："要自觉践行社会主义核心价值观，发扬我国工人阶级的伟大品格，用先进思想、模范行动影响和带动全社会，不断为中国精神注入新能量，始终做弘扬中国精神的楷模。"所以，地质行业职工要把正确的道德认知、自觉的道德养成、积极的道德实践结合起来，自觉树立和践行社会主义核心价值观，最重要的一点，就是必须与弘扬行业精神结合起来，与地质职工的日常生活结合起来，与地勘单位的改革、发展、稳定的实际结合起来。

3 河南地矿局培育和践行社会主义核心价值观的实践与探索

河南省地矿局成立于1957年，在建国初期十分艰苦的工作环境中，地质工作者肩负实现地质找矿突破、为工业提供食粮的神圣使命，高高擎起"三光荣"传统的伟大旗帜，历尽艰辛，足迹踏遍了中原大地的山山水水，找到了大批的矿产资源——平顶山、濮阳、灵宝、永城等一批城市因矿而生，为新中国的建设和繁荣立下了不朽的功勋。进入新的世纪，河南地矿局开始全面实施的地质大调查，开启了地质工作的"第二春"。

在战乱、疾病、贫困、落后的非洲，河南第二地质矿产调查院秉承中国特色社会主义的价值观，探索代表地质先进文化的前进方向，提炼、创造出了"敢为人先、不畏艰险，科学诚信、团结奉献"的"几内亚"精神。在这个英雄群体中，一位50多岁的院党委书记任项目总指挥，从开工那天起的每天早上7点，他总是准时站在营区门口为出征的将士送行，晚上7点又准时站在营区门口，迎接着一车一车的施工人员返回营地，他那两鬓斑白的身影成为一个团队的精神支柱。在这个英雄群体中，一位"拼命三郎"在中电投二期临时追加北矿段任务后，必须要在20天内建成一个能供200人生产生活的营地时，忍着连日的高烧、腹泻，一刻不离现场，硬是带领工人创造出了奇迹。在这个英雄群体中，一位年轻的地质队员只有28岁，却在非洲工作了7年，连续3年没有回过家。在这个英雄群体中，几乎所有的队员都得过疟疾（其中一人把生命永远留在了异国他乡），或被马蜂上百次地蜇过，或被鳄鱼追赶，但他们硬是凭着爱国、敬业、诚信、友善的坚定信念，凭着"流血流汗不流泪，掉皮掉肉不掉队"的坚韧不拔和凌厉攻势，找到了资源量相当于河南省6倍、中国铝土矿保有储量 2 倍的特大型矿床，让河南地矿在非洲大地上美名远扬。

在新疆西昆仑，河南地调院和第四地质勘查院在培育和践行社会主义核心价值观的过程中，喊出了"艰苦不怕吃苦，缺氧不缺精神"的给力口号。新疆西昆仑钻探项目部的全体成员，在"亚洲屋脊"帕米尔高原上逢山开路、遇水架桥，将一条条蜿蜒的"天路"延伸到碧蓝的天空，不畏山高路险、高原缺氧，手拉手肩并肩将几十吨重的钻机架在海拔4700 米的昆仑山上。他们顶风冒雪，接近极限，用爱岗敬业、无私奉献的信念和责任化作一份苦苦的坚守，用激情与汗水开垦着脚下冰冻的大山。

2011 年，在响应温家宝总理抗旱保丰收号召的抗旱打井突击行动中，河南第二地质环境调查院，把继承地质行业"三光荣"、"四特别"优良传统与新时期地质人的深层次追求相结合，吹响了"勇于挑战、勇挑重担、勇于负责、顾全大局"的"三勇一大"号角。他们放弃春节与家人团聚的机会，在 80 天的时间里成井 102 眼，解决了 176 万人吃水问题和 10 余万亩农田灌溉困难，开创了河南省国土资源系统成井数量之最、钻探进尺之最和成井速度之最，为中原崛起、河南振兴做出了积极贡献。

去年至今，在参加全国第一批党的群众路线教育实践活动中，河南地矿局按照中央"照镜子、正衣冠、洗洗澡、治治病"的总要求，紧紧扣住源远流长的中华美德、中华文化精髓和地质行业传统精神，通过组织先模人物报告会、"老地质话当年"报告会，组织观看《年轻的一代》、《生死罗布泊》等电影电视片，引导党员干部大力践行社会主义核心价值观，开展了"三问三落实"活动。具体内容为："三问"——一问能否像老一辈地质人那样，急国家之所急，舍小家为大家，不讲条件，甘于奉献，积极主动地服务于经济社会发展？二问能否像老一辈地质人那样，坚持科学态度，勇攀科技高峰，遵循规律，注重实践，不断取得找矿突破和新的地质成果？三问能否像老一辈地质人那样，坚守行业本色，保持创业激情，淡泊名利，勤俭节约，兢兢业业地为事业发展贡献力量？"三落实"——一是落实到提升服务水平上，更好地为全省经济社会发展提供资源环境基础保障；二是落实到促进科学发展上，加快推进河南新地矿建设；三是落实到建设和谐队伍上，帮助职工更好地实现发展愿望、改善生产生活条件，取得了卓有成效的活动成果。

党的十八大报告指出，社会主义核心价值体系是兴国之魂，决定着中国特色社会主义发展方向。要深入开展社会主义核心价值体系学习教育，用社会主义核心价值体系引领社会思潮、凝聚社会共识。目前，河南地矿局正在全局范围内，积极赋予地质行业精神以新的丰富内涵，以争做推动地矿事业发展的"服务员"、弘扬地矿行业精神的"践行者"为目标，广泛开展培育和践行社会主义核心价值观活动。相信我们新时期的地质人，会在承袭老一辈地质工作者艰苦奋斗、无私奉献精神的基础上，将这个优良传统发扬光大。

参 考 文 献

[1] 全国宣传思想工作会议在京召开［EB/OL］．（2013－08－20）［2014－10－11］
    http：//www. wenming. cn/xj_ pd/ssrd/201308/t20130820_ 1422721. shtml
[2] 习近平. 在中央党校建校 80 周年庆祝大会暨 2013 年春季学期开学典礼上的讲话［EB/OL］．
    （2013－03－01）［2014－10－11］http：//politics. people. cn/n/2013/0303/c1024－20655810. html
[3] 习近平. 在同全国劳动模范代表座谈时的讲话［EB/OL］．（2013－04－28）［2014－10－11］
    http：//politics. people. cn/n/2013/0429/c1001－21323279. html

秉承地质行业优良传统　践行社会主义核心价值观

周春静　　吴燕

（安徽省地质调查院　合肥　230001）

摘　要　本文主要阐述了地质行业的"三光荣"精神与社会主义核心价值观的内涵及联系，对地质行业如何在新时期秉承优良传统，弘扬社会主义核心价值观，构建地质精神家园提出一些认识和方法。

关键词　"三光荣"精神　地质工作　核心价值观

1　弘扬"三光荣"精神对实践新时期核心价值体系的重要意义

党的十八大报告强调："倡导富强、民主、文明、和谐，倡导自由、平等、公正、法治，倡导爱国、敬业、诚信、友善，积极培育和践行社会主义核心价值观。""三光荣"精神，是地质行业宝贵的精神财富和优良传统，地质人在新时期秉承"三光荣"精神，就是对社会主义核心价值观的最好诠释。新时期地质人进一步弘扬"三光荣"传统精神，就是在践行社会主义核心价值观，同时也是在践行"中国梦"。因此，大力弘扬"三光荣"精神，能更好地推进地质行业社会主义核心价值体系建设，巩固地质队伍团结奋斗的共同思想基础。

正是地质人继承和发扬"三光荣"精神，坚定理想信念，艰苦奋斗，才为国家寻找到丰富的矿藏，促进了经济、农业、科技的发展，在实践中体现了社会主义核心价值观精神。"以献身地质事业为荣"，是坚定的理想信念，是社会主义核心价值观的具体体现。当前，社会主义市场经济迅速发展，新时期地质工作者怀着对理想信念的追求，对地质事业的忠诚，仍然战斗在最艰苦的地方。"以艰苦奋斗为荣"，是可贵的优良品质。只有发扬吃苦耐劳、无私奉献精神，才能造就先进的地质找矿队伍。"以找矿立功为荣"，是立足点和落脚点，是地质人光荣神圣的使命。找矿立功既是服务人民、服务国家的体现，也是独立自主、奋发图强在地质人身上的体现。几十年来，地质人在祖国大地上，找到一大批矿床，为我国经济快速发展做出了重要贡献。

2　新时期"三光荣"地质精神的内涵

2.1　"三光荣"传统精神的基本内涵

1983 年 3 月全国地质系统基层模范政治工作者表彰大会召开，会上正式提出了要在全国地质系统开展"三光荣"教育活动，即"以献身地质事业为荣、以艰苦奋斗为荣、以找矿立功为荣"的"三光荣"精神。

"以献身地质事业为荣"，其精神实质是奉献，它要求地质找矿工作者热爱地质找矿事业，献身地质找矿工作。"以艰苦奋斗为荣"，实质是弘扬创业精神，要求地质找矿工作者正视地质找矿工作的重要性、客观环境，发扬艰苦奋斗的创业精神。"以找矿立功为荣"，是"三光荣"的立足点和落脚点，是奋斗目标，地勘单位的中心和重点工作就是地质找矿，为国家的经济建设和经济发展提供足够的矿产资源。"三光荣"精神是地质人用鲜血和汗水凝结而成的一种精神，是促进地勘事业发展的优良传统，同时也是艰苦奋斗的精神在地质行业的特色体现。

2.2 "三光荣"精神是地质人在新时期实践社会主义核心价值观的具体体现

随着地质工作体制和运行机制的变化，"三光荣"精神也被赋予了新的时代内涵。"以献身地质事业为荣"，突出了社会主义道德观、荣辱观、核心价值观；"以艰苦奋斗为荣"融入了以人为本、科学发展的理念，树立市场意识、竞争意识，提高经济效益和职工生活质量等内容；"以找矿立功为荣"也已从过去单一的地质找矿扩大到新的工作领域和新的工作地域。在工作中树立开拓创新、跨越发展的典型，成为新时期的价值导向。

"三光荣"精神强调的无私奉献、艰苦创业、开拓实践的道德品质，在内容上与社会主义核心价值是一致的，同时也体现了社会主义核心价值观。"三光荣"精神是爱国主义精神和集体主义精神的体现，是艰苦奋斗精神和开拓创新精神，是民族精神和时代精神在地质事业的具体化，激励广大地质职工献身地质事业。

3 如何传承"三光荣"精神，弘扬社会主义核心价值观

3.1 以人为本，提升思想认识，推进社会主义核心价值体系建设

当前经济社会对矿产资源的需求日益迫切，国际政治经济形势复杂多变，保障国家经济安全，做好地质工作，探寻更多的矿藏，是地质人发扬"三光荣"精神，服务国家、服务经济建设发展义不容辞的责任。作为地质工作者，我们要清晰地认识到矿产资源对国家经济社会发展的重要性，增强地质找矿工作的责任感和紧迫感，肩负起为国家经济发展寻找矿产资源的重任，以奋发向上的工作精神，积极投身于地质事业，为国家经济的发展提供资源保障。

在培养和践行社会主义核心价值观的过程中，每个组织和个人，都应成为自觉践行社会主义核心价值观的主体。只有拥有这样的"主人翁"精神，我们才能提升思想认识水平，才能传承好地质行业优良传统，才能贯彻好社会主义核心价值观。新时期的地勘单位要始终把"三光荣"精神作为单位发展的精神动力，努力建设新时期的职工队伍，使广大职工成为艰苦奋斗、勤奋工作、爱岗敬业、无私奉献的典范。

3.2 坚持开拓创新，转变工作作风，完善工作机制和工作方法

面对新时期、新形势、新任务，地质人要在发扬"三光荣"精神的同时，转变工作作风，创新工作方法，完善工作机制，加大工作力度，不断开拓创新。

第一，我们要立足本职，恪尽职守，在工作中坚持求真务实的作风，坚决反对形式主义。地质工作是探索性很强的工作，要在地质找矿中取得显著成效，地质工作者必须具备求真、求实、求精的实事求是的科学精神。不论是野外工作还是室内研究，都要精益求精，严格遵循地质工作规律，坚持科学的工作方法，以求真务实的精神开展地质工作，保证地质成果的质量。

第二，只有勇于开拓创新，才能取得显著成效，推动地质事业持续发展。当下，我国的经济体制、地质工作管理体制已经发生了根本性的变化，人们的思想观念也趋于多元化，地质事业进入了一个新的发展阶段。因此，地勘队伍要不断突破自我、开拓创新、与时俱进，地质人要在地质技术水平、地勘队伍建设、制度建设及行业改革发展的意识水平上，坚持开拓创新的精神，敢为人先，不断进取。同时，地质工作者要善于学习地质找矿新理论、新方法、新技术，提高业务水平，总结地质行业的创新成果，只有这样才能更好地建设地勘队伍，推动地质事业的发展。

3.3 以机制为核心，以市场为导向，深化改革，与时俱进

作为公益性与企业化经营并存的地勘单位，要有科学合理的机制，完善行业制度体系，按照社会主义市场经济体制的要求，进一步深化地质工作管理体制改革。建立更加规范的行业市场，以新的机制为核心，以市场为导向的制度平台，从而充分调动社会各方面投身找矿突破战略行动的积极性。要深化市场发展观念，在制度安排上要体现公平竞争的原则，在工作效果上要更加重视效率和效益。地质工作者要着眼发展大局，形成正确的利益观和价值观，进一步增强职能意识、服务意识、竞争意识和法制观念。同时，政府要为地质勘查创造有利的环境条件，在成果评价、利益分配政策上，要有适当的激励机制，在找矿突破战略行动中推进地勘单位的改革。

3.4 加强文化建设，构建地勘文化的精神家园

地勘文化建设的目标就是使个人追求、单位发展更好地融入行业发展，统一于国家对地质事业发展的要求。为了加强地勘文化建设，我们应该大力宣传"三光荣"精神，将其更透彻地融入每个地质人的工作和生活中，要团结起来增强爱岗敬业的精神，增强无私奉献的道德观念。一方面，可以通过加强新闻宣传，为新时期地勘单位和地质队员树立新形象，使地质行业传统精神得到进一步弘扬。另一方面，可以组织开展技能比赛及文化宣传等活动，增强基层地勘单位的行业归属感，提高基层地勘单位的社会影响，为其进一步参与地方经济建设营造良好的氛围。

4 总 结

新时期的地质人，身负振兴地勘事业的艰巨重任，只有通过扎实的践行，才能把社会主义核心价值观的号召转化为真正的行动导向和价值追求。在新形势、新任务和新要求下，只有将"三光荣"精神传承好，使其融入每个人心中，转化为思想观念、价值取向，转化为勤奋工作、探索创新的实际行动，抢抓机遇，迎接挑战，加快发展，地勘事业才会充满活力和希望。在践行社会主义核心价值观的道路上，我们地质人应继续秉承地质行业优良传统，坚持理想信念不动摇，积极投身找矿突破战略行动，为推动地质事业发展助力，为全面建成小康社会作出更大贡献。

参 考 文 献

[1] 王玉谦. 求实 创新 超越——胜利地质精神研究 [J]. 中国国土资源经济, 2001 (3)：29~30
[2] 梁忠. 弘扬"三光荣"精神的现实意义及方式 [J]. 管理观察, 2013 (9)：188~189

地质行业核心价值刍议

堵海燕　傅鸣

（中国地质图书馆　北京　100083）

摘　要　本文从地质文化的核心价值理念、构建核心价值理念是地质发展的迫切需要、构建地质行业核心价值理念的关键要素与内容和地质人如何践行核心价值四方面对地质行业核心价值进行了探讨。"献身地质事业无尚光荣"是地质人的共同认同的价值观念。地质工作者肩负着探索未知领域、保障国家、社会发展的能源和矿产资源、传播科学精神的重要使命。

关键词　地质行业　核心价值　文化

当今时代，文化成为民族凝聚力和创造力的重要源泉，也是综合国力竞争的重要因素。丰富大众的精神文化生活，成为人们的热切愿望。影响制约我国地质找矿改革发展的问题固然来自各个层次、多个方面，但根本性的问题是地质行业文化建设的缺失。因此，加强地质行业文化建设是促进地质改革发展的有效途径。

1　地质文化的核心价值理念

地质文化作为社会主义文化的组成部分，既具有社会主义核心价值的共同内容，也有着其区别于其他文化的特性，地质文化有以下几种核心价值理念。

1. 地质行业精神理念

精神形象是指作为观念形态的组织精神、运作理念、道德规范、宗旨目标等在社会公众心目中的一种客观性反映以及所形成的社会综合性评价。地质行业精神是地质事业之魂，是地质行业文化的核心，是地质行业生存和发展的精神支撑。地质行业精神既反映地质行业特征的相对稳定的价值取向，又从一个侧面折射出地质行业文化的时代气息，成为增强行业凝聚力、发展地质事业的重要精神动力。

1.1　学习与创新理念

创造力是文化的源头和血脉，而学习则是创造的基础。在当今快速发展的社会中，树立终身学习的理念，是刻不容缓的课题。树立求实创新理念，在地质工作者中树立新思想、新观念，不断创新地质文化，创新内容形式，创新体制机制，创新传播手段，为地质文化建设注入新的生机和活力。这还需要我们紧密结合地质工作的主题和中心任务，深入开展形式新颖、内涵丰富、主题鲜明的教育活动，弘扬地质文化理念，铸造地质精神。

1.2　适度的开放性与可亲近性理念

文化建设是一个融合发展的过程，过度封闭或与大众对立的文化是缺乏生命力的。假如地质文化能够兼容系统内部及系统以外的文化，将会是地质文化建设的一大成功。可亲近性也是如此。艺术经过流传接受，才能成为文化。如果文化建设只是冰冷的说教和森严的戒律，缺乏受众和成员的亲近与认可，那么也难免成为空壳。

1.3　"争创佳绩"理念

"争创佳绩"是核心价值观意义的最终体现。任何思想、任何理念、任何口号，说一千道一万，最终还是要凭借实际工作成果来验证。只有切实履行好党和人民赋予的神圣使命，才能体现核心价值观指导地质工作实践的效果，才能完成国家和人民交付的重任。

1.4　团队协作理念

一个团队的核心价值理念是由其多数成员所认同和共同遵守的基本信念、价值标准、业务技能，以及从中体现出来的群体意识、行为规范、精神风貌等组成。团队协作理念会对每个工作人员思想观念和行为方式进行引导，引导大家统一认识，统一行动，向一个共同的目标迈进。

地质行业文化内涵丰富，源远流长，有深厚的历史底蕴和科学基础。新的时期，新的任务，新的机遇，新的挑战，推动中国地质事业处在一个新的历史起点上。地质事业新的发展呼唤地质文化的创新，地质行业文化建设尤其重要。

2　构建核心价值理念是地质发展的迫切需要

2.1　构建地质行业核心价值理念，是社会主义发展的客观要求

当今世界，文化与经济和政治相互交融，在综合国力竞争中的地位和作用越来越突出。文化的力量，深深熔铸在民族的生命力、创造力、和凝聚力之中。建设核心价值体系，符合社会发展运动规律，是古今中外治国理政、安民固邦的经验教训给我们的深刻启示。大到一个社会、小到一个单位，要把全体成员的意志和力量凝聚起来，必须有一套与经济基础和政治制度相适应、并能形成广泛社会共识的核心价值体系。如果没有这个最核心的东西，就会失去前进的方向，失去共同的思想道德基础，导致人心涣散、社会混乱。通过构建核心价值体系，发展主流意识形态、整合社会意识，是社会系统得以正常运转的基本途径。

2.2　构建地质行业核心价值理念，是地质行业持续进步的精神旗帜

共同的价值理念，是维系地质事业发展的精神基础。没有共同的价值理念支撑，地质

事业发展就会偏离方向。构建核心价值理念，能够引导、凝聚、强化地质工作者内心深处积极向上因素，形成共同的目标和追求，激发干部职工强烈的归属感和自豪感，把地质干部队伍凝聚成一个奋发图强、锐意进取的团队。

2.3 构建地质行业核心价值理念，是地质行业开拓创新的力量源泉

加强地质行业构建核心价值理念，将其贯穿于地质管理的全过程，有助于在总结管理经验、研究管理规律的基础上，提炼形成先进的管理理念，明确管理方向，指导管理实践。

2.4 构建地质行业核心价值理念，是地质队伍健康成长的思想保障

当前，经济社会发展呈现出许多新的阶段性特征，社会生活日趋多样化，社会意识更加多样、多元、多变，这既为社会发展进步注入了活力，也带来了社会思潮的纷繁变幻。在社会思想空前活跃、主流积极健康向上的同时，一些错误的、消极的、颓废的思想意识也有所滋长。各种价值观念相互交织、相互碰撞、相互影响，一些人思想困惑、信仰淡漠，一些领域诚信缺失。在这样的情况下，如何扩大主流意识形态的影响，弘扬积极健康的道德风尚，是必须解决好的重大课题。

3 构建地质行业核心价值理念的关键要素与内容

建设地质行业核心价值理念，关键在于用实践精神和创新意识使这个体系的内容为广大干部职工普遍接受、真正认同、自觉践行。

3.1 要修炼"忠于职守、诚实守信"的思想与品格

忠于职守涵盖了信义、操守、诚实、善良等美德，是政治标准，是前提。忠诚是我国传统文化所推崇的基本道德范畴，是人们衡量人品的基本准则。忠于职守是一种品质，更是一种能力的表现。由此可见，忠于职守是地质工作者团结协作的基础和前提，需要每个干部职工都以忠诚的态度来对待工作和事业，凝聚智慧和力量。

3.2 要培养"爱岗敬业、乐于奉献"的道德与情操

爱岗敬业就是热爱事业、廉洁奉公、无私奉献，是职业标准，是关键。爱岗敬业，要对地质事业有强烈的使命感和道德责任感，以积极的行动和良好的作风，塑造良好的形象。在地质工作实践中，只有爱岗敬业、敢于负责，才能精益求精、锐意进取；只有品行端、信念诚、工作勤、作风实，才能应对地质工作中的各种挑战，真正实现自我价值，才能使系统上下"讲正气、讲大局、讲团结、树新风"，形成良好的创业发展环境。

3.3 要彰显"以人为本，团结协作"的情怀与风范

以人为本，以干部职工为本，尊重人的基本权利，重视人的健康发展，是地质行业核心价值体系之根本。要以干部职工利益为本，关注干部职工的健康成长，尊重干部职工的利益与权利，促进干部职工身心健康发展。

3.4 要推崇"和谐共进，创新发展"的观念与思维

构建社会主义和谐社会，其目标应该定位为：工作运转稳定有序，管理机制健全高效，利益关系公平协调，队伍充满创新活力，社会形象文明进步。实现和谐发展。

3.5 要倡导"争先创优，勇争一流"的精神与追求

创新发展、自我超越、争先创优，是地质行业核心价值理念之目标。我们必须时刻绷紧争先进位、勇创一流这根弦，以更高的目标定位，更高的发展水准，更高的工作要求，大力度、高强度、快速度地把地质事业大步推向前进，并取得一流业绩。

4 地质人如何践行核心价值

4.1 严肃认真的工作态度

工作中，首先需要解决的问题就是思想观念问题，也就是对待工作的态度。应该明确工作职责，增强工作责任感、尽职尽责地在大地质、大服务、大发展的环境中去做好每一项工作。这种严肃认真的工作态度对于任何一个人来讲，都是不可忽视的首要因素。

4.2 团结协作的互助精神

在工作中，我们每个员工并不是独立的个体，部门与部门之间的往来，人与人之间的工作合作，都是紧密相连的。所以，心中必须应具共同协作、相互依存的整体关系意识。作为一个单位或部门的员工，我们不仅要对自己的工作负责，同样还要对他人、对单位的各项事业负责任。

4.3 努力提高自身的综合素质

做好本职工作，不但要以大局为重，还应把提高自身综合素质放在前列。一个人综合素质的高低，对做好本职工作起决定性的作用。即人的素质是做好所有事情的主导、保证。社会在突飞猛进的发展，科技在日新月异的进步，这就要求我们要做"终身学习型"的员工，只有加强知识业务的学习，着实提高地学理论水平，努力开拓视野，掌握全球地学前沿发展态势，不断提高自身的业务知识水平和业务技能，用正确而又科学的方法去投入到工作中，才能适应地质工作不断发展的需要，以致将工作做到尽善尽美。

4.4 较强的工作责任心

所谓的责任心：就是每一个人对自己的所作所为，敢为负责的心态，是对他人、对集体、对社会、对国家及整个人类承担责任和履行义务的自觉态度。工作时中，要时刻牢记责任心的含义，把责任作为一种强烈的使命感，把责任作为自己必须履行的最根本的义务，应对工作怀有高度的责任心。只有对工作忠诚、守信，才能把对工作的责任心，作为一种习惯落实到自己的实际工作之中去。

4.5　发扬崇高的敬业精神

所谓敬业就是敬重自己的工作，将工作当成自己的事。其具体表现为：忠于职守、尽职尽责、尽心尽责、认真负责、一心一意、一丝不苟、任劳任怨、精益求精、善始善终的职业道德。在工作中，做到以敬业的高标准来严格要求自己，尊重自己的工作，热爱自己的岗位，以主人翁的姿态把敬业的精神，贯穿到自己工作中的每一个环节中去。

4.6　具有强烈的奉献精神

奉献精神的作用就是：你要从内心驱使自己，全力以赴地去工作、去劳动、去服务、去做到无私，也就是去做到 100% 地献出你的智力和体力。以奉献精神的作用、内涵激励我们自己树立正确的人生观、价值观、世界观，不计较个人得失，兢兢业业、任劳任怨地去工作。在新时期继续发扬"三光荣"、"四特别"精神，在工作中充分发挥自己的聪明才智，在实践中不断增长自己的智慧，不断提升自己的人格魅力和生存价值。

4.7　要有平和细致的心境

一个人在一生的工作中，难免会犯什么错误，出什么大、小差错，但只要适时的调整心态，及时地去总结教训、悔过改新，也不失为明智之举。千万不可因屡遭碰壁而丧失斗志，坐在那怨天尤人，停滞不前，从而坐失了良机。所以我们必须用一种平静的心态去正视工作中的失误，总结错在哪了，又何以会出这样的错误，最后再加以认真细致的工作态度，不放过任一个微小的犯错的细节，努力改正工作方法，就会把工作做得完美。

地质行业特色文化的内容丰富多彩，但最具魅力的是地质精神。地质精神是地质行业价值观的集中体现，是地质行业的精神支柱和推动力，是一种自觉养成的特殊意志和信念，是地质文化的灵魂和精髓。

地质单位要在不断开拓探索中、在努力创造中体现时代赋予地质行业精神的新内涵，在艰苦奋斗中体现时代赋予地勘行业精神的新任务，使发展之后的地质行业精神成为地质文化的灵魂，成为地质人的精神信仰，努力推进地质事业健康持续发展。

参 考 文 献

[1] 张先余. 弘扬"三光荣"精神，塑造地勘队伍核心价值理念 [J]. 中国国土资源经济，2012 (7)：16~18
[2] 兰书慧. 塑造地质文化，提升单位核心竞争力 [J]. 中国国土资源经济，2012 (8)：50~51
[3] 彭齐鸣. 地勘文化与地勘行业核心价值体系 [J]. 中国国土资源经济，2012 (1)：4~7

国土资源部地质环境司
践行社会主义核心价值观纪实

国土资源部地质环境司

地质环境司，是按照部的要求，全面履行地质环境管理的职能部门。基于近年来地质灾害防治的严峻形势，2011 年中编办批准国土资源部成立地质灾害应急管理办公室，环境司加挂了"地质灾害应急管理办公室"的牌子。

环境司的主要职能任务是：组织指导地质灾害应急处置，组织、协调、指导和监督地质灾害防治工作；承担监督管理古生物化石、地质遗迹、矿业遗迹等重要保护区、保护地的工作；依法管理水文地质、工程地质、环境地质勘查和评价工作；组织监测、监督防止地下水过量开采引起的地面沉降和地下水污染造成的地质环境破坏。

环境司下设 5 个处，综合处、地质环境保护处、地质环境监测处、地质灾害防治处、地质灾害应急处。编制 18 个人。

从环境司的职能，可以看出，环境司的工作点多面广，比较繁杂。但地质环境保护的每一项工作都与人民群众生活改善、生态环境保护、社会经济发展密切相关，地质灾害防治更是责任重大，人命关天。一直以来，我们司都把管理工作的最高境界，定位在践行党的宗旨上，把全心全意为人民服务、保护人民群众生命财产安全，既作为工作的出发点，更作为工作的落脚点。

地质灾害应急和防治工作，在环境司是重中之重，环境司有 4 个业务处，涉及地质灾害的就有 2 个处，占一半，而且从全司人员的思想上、行动上，地质灾害应急工作放在第一位，遇到重大灾害，不分处室，全司人员一起上。

面对严峻的地质灾害防治形势，手机 24 小时常开，昼夜轮流在办公室值班，对天气预报尤其下雨特别敏感；办公室经常彻夜通明，每个人办公室都备着行囊，随时准备奔赴基层一线；经常是极少几个人留守值班，其他人奔波辗转在深山峡谷之间，常见三五人聚在一起，神情严肃商讨着什么 …… 这就是地质环境司，承担着全国地质灾害防治这项最为急难险重的任务！

多年来，环境司的人员经受住了各种艰难困苦的考验，成长为一支政治坚定、业务精良、作风过硬的队伍，一支靠得住、顶得上、能打硬仗的队伍。用实际行动践行了社会主义核心价值观。

1 重任如山，忠诚以待

2012 年汛期的一天夜里，关凤峻司长带病值班。半夜 12 点多，他从应急值班室回到办公室，蜷在沙发上准备睡一会儿。凌晨 2 点多，一阵急促的铃声将他惊醒，值班员报告：云南保山突发山体滑坡！他爬起来就往应急值班室跑，马上进入紧张的工作状态，联系云南省厅，了解灾情，查看地图，了解灾害发生位置，向部领导报告，向国务院应急办报告，调派专家赶赴现场，联系监测院准备灾害地情况报告、图、表，给专家订飞机票等等……电话、传真响个不停，就这样一直忙到早晨 6 点多。

此情此景，环境司的同志们早已司空见惯。每个汛期，这样的场景都不知要重演多少次。

要知道，在全国分布有近 30 万处崩塌、滑坡、泥石流等地质灾害隐患，时刻威胁着群众的生命财产安全！几乎每一天，应急值班室都会接到来自不同地区的灾情、险情信息。

这意味着，环境司人员的身心常年处于高负荷状态，但虽苦犹荣。因为大家常说："每一次电话铃声响起，都可能意味着一群鲜活的生命在呼救！"这道出了如山的责任感。

2　生死考验，坦然相对

在第一时间赶赴灾害现场，组织开展抢险救灾是环境司成员的必修课。

应急抢险是一个没有硝烟的战场，但却随时面临着生与死的考验。在抢险救灾中，关凤峻司长乘坐的直升机差点撞到山崖上。柳源司长乘坐的汽车差几秒就被巨石砸中或被泥石流推进江中，而他们只是轻描淡写地说："这种事经常碰到。"的确，这样的情况环境司的人经常遇到，去现场应急救灾的人也都会经常遇到。

在 2010 年舟曲特大山洪泥石流救灾现场，柳源司长连日奔波，身体已极度疲惫。当父亲病危的消息传来时，他扛不住了，强撑着返回老家后就倒下了。在病房中，父亲躺在这头，他躺在那头；他的心，一半牵挂着父亲，一半惦记着救灾现场。两天后，部里来电话询问他，能否即刻赶回北京，接受新任务时，他的心再次饱受煎熬，一边是正在抢救的父亲，一边是还在遭受灾害隐患威胁的灾区群众，一向做事果断的他，犹豫了，在病床上辗转反侧……

父子连心，短暂苏醒的父亲觉察到儿子的情绪，艰难地睁开眼睛对他说："儿啊，如果单位有事要你回去，你就抓紧回吧，我扛得住。"他拔掉输液的针头，强忍泪水，跪在父亲的病床前，重重地磕了三个头，默默地拖着虚弱的身体，立即赶回北京。没想到，这一走，就成了和父亲的永别。

这些危险、这些困难，怕不怕，怕，但是工作职责就是这样，怕，也得去做。

这些无私奉献，得到了丰厚的回报。全国地质灾害普查顺利结束，645 个重点县完成高精度调查，1 万多个重大隐患完成勘查，2 千多处大型隐患得到工程治理，30 万多处隐患点全部纳入专业监测和群测群防。近 100 万人搬迁避开地质灾害危害。上百个集镇、数十个县城彻底摆脱了地质灾害威胁。地质灾害高发的三峡库区连续 12 年没有因地质灾害造成人员伤亡。汶川、玉树、芦山等地震灾区，西南山区及西北黄土高原等地质灾害易发区，防治工作取得新的进展。近十年来，全国共成功预报和避让地质灾害 15000 多起，挽救了 53 万人的生命。

3 殚精竭虑，谋划长远

今年入汛以来，我国南方多地出现特大暴雨和大暴雨，导致地质灾害多发、频发，给群众生命财产造成极大威胁。由于积极应对，提早防范，没有发生群死群伤的重大事件，因地质灾害造成的人员死亡和失踪人数为近十年同期最低。

地质灾害防治根本的目的是不死人、少死人，这是全司憋足劲努力奋斗的目标。

为此，坚持把地质灾害防治作为"生命任务"来完成。在设计法律制度，制定政策措施，部署年度工作等各个方面，每个环节，都紧紧围绕"以人为本"，千方百计减少因灾造成人员伤亡。

多年来，积极探索，努力把地质灾害防治摆上经济社会发展的大局，从实施《地质灾害防治条例》，到出台《国务院关于加强地质灾害防治工作的决定》，持续推动建立科学有效的调查评价、监测预警、综合防治和应急处置四大体系。与此同时，还千方百计促进制度的落实，推动体系的建设。

针对地质灾害威胁的群体主要在山村，联合相关部门大力开展"万村培训"，让防治知识进千家入万户。

针对日常防范工作主要在基层，先后组织开展地质灾害防治"十有县"建设和乡镇地质灾害防治"五到位"工作，成功促进了全国2000多个县，在防治机构、经费、制度、措施等从无到有。

针对各地应急力量十分薄弱，机构、人员空白的情况，推进行政管理、事业支撑、应急处置、专家咨询和中介服务"五条线"建设，全国20个省、161个市、990个县设立了地质灾害应急管理机构，26个省、171个市、420个县建立了应急技术指导机构，31个省、323个市、1880个县建立了预警预报体系，形成了有3000余人的专家队伍，近30万人的群测群防员队伍。（全国333个市，2856个县。）

针对基层干部群众临灾自救互救能力弱的实际，强力推进应急演练。

针对防治资金投入严重短缺，一面千方百计，引导社会资金投入地质灾害防治，一面想尽办法，推动各级财政加大投入。近几年，全国各级财政投入的经费，从每年数十亿上升到200亿以上。

4 荣誉崇高，倍加珍惜

环境司卓有成效的工作，赢得了党和人民的肯定，也得到国际同行的赞赏。环境司会议室的墙上，挂满了奖状、锦旗，柜子里放着许多的证书、奖杯。全国各地的群众用这种朴素的方式，表达着感谢和敬意。

2009年以来，环境司10多次受到中央领导批示表扬。2012年被评为，全国"创先争优"先进基层党组织，连续3届被评为部"先进党支部"，连续5次被评为"先进集体"。更有多人被评为国家级、省部级"先进个人"、"优秀党员"和"党务工作者"。这次，环境司又被中央国家机关评为"践行社会主义核心价值观的先进典型"。

今年 6 月，在北京召开的第三届世界滑坡论坛上，联合国教科文组织地学部前主任，伊德·沃尔冈夫认为，中国在全人类的地质灾害应对与防灾减灾中扮演着重要角色，并已成为一些国家和地区的榜样，中国的防灾减灾经验值得推广。

参加中国地质图书馆组织的这次交流，不是借此炫耀环境司的工作多么辛苦，这些人多么崇高伟大，而是借此机会宣传地质灾害防治的重要性，借此机会请大家更加支持地质灾害防治工作，推动全民树立防灾减灾意识，保护我们的家园。但是，这项工作真的辛苦，也很崇高伟大。同样，地质工作是艰苦的，地质人是崇高伟大的，这也形成了特有的地质文化和地质精神。

地质灾害防治取得的成绩是现在环境司人的努力，更是前几代环境司人的努力，更是地调局、监测院（应急中心）等支撑单位的努力，更是工作在这个战线上，千千万万人的努力。最直接的，离不开部领导的关心和指导、兄弟单位的支持和帮助，全国国土系统单位的工作和支持。

民能安居乐业，国无重灾之忧，是环境司每个人的美好心愿。我们将更加珍惜成绩、珍惜荣誉，继续努力推动全国地质灾害防治迈上新的高度，为地质环境保护和地质灾害防治事业做出更大的贡献。并祝愿祖国再无重灾之忧。

遵循生态经济规律 推进地矿行业绿色发展

——践行社会主义核心价值观与新时期部门行业（地质部门矿产行业）精神

韩 孟

（中国社会科学院经济研究所 北京 100836）

摘 要 "三光荣"是地质部门矿产行业的光荣传统与精神财富。现阶段，面对国际国内市场变化，面对转型升级需求，艰苦行业人力资源短缺与生态环境问题亟待调整。推进生态文明建设是保持我国经济持续健康发展的迫切需要，亦是地质部门矿产行业转型发展的切实所需。继承发扬"三光荣"精神，树立生态经济理念和培育绿色行为规范，是部门经济运行与行业创新发展的重要精神动力。同时，遵循生态经济规律，推进地矿行业绿色发展，更是践行社会主义核心价值观与充实新时期部门行业精神的具体行动体现。

关键词 核心价值观 "三光荣"精神 生态经济规律 地矿行业绿色发展

1 奉献、创业、立功"三光荣"精神，是地质部门（矿产行业）功勋卓著的光荣传统

现阶段，继承发扬"三光荣"精神，树立生态经济理念和培育绿色行为规范，是部门行业发展的重要精神动力源泉。

1.1 择业

"以献身地质事业为荣"体现了奉献精神，它反映地质从业者热爱地质事业，珍惜生态环境，献身地质工作，献身保护地球活动。

"以献身地质事业为荣"，是坚定的理想信念；其中所包含的"维系生态安全"是理性的实践准则。地质找矿工作流动分散，野外作业，工作和生活条件十分艰苦，从某种意义上来讲选择了地质找矿事业就意味着选择了对家庭、亲人以及较高的物质、文化娱乐的牺牲，就是把个人理想、目标、追求落实到地质找矿事业之中，并为之奉献自己的青春和一切。选择了绿色发展，则意味着地质部门地勘诸行业的经济行为正规化，其外部成本内部化。

1.2 创业守业

"以艰苦奋斗为荣"体现并弘扬创业精神，它反映地质从业者从国情出发，正视地质

开发，正视开发对于自然资源、生态环境冲击。在开发中，着力保护自然生态系统，防治环境污染；在生活上，勤俭节约，艰苦朴素；在劳动态度上，吃苦在前，任劳任怨；在进步取向上，奋发向上，勇于改革，善于探索；在品格作风上，先人后己，廉洁奉公。

为了开发矿产资源，地质部门矿产行业发扬艰苦奋斗优良传统，以顽强的毅力、朴实的作风，征服艰难险阻，维系各类生态环境，取得丰硕的生态经济成果，并锻炼形成吃苦耐劳、拼搏奉献的部门行业英雄群体。

1.3 业务任务

"以找矿立功为荣"是"三光荣"的立足点和落脚点。"以找矿立功为荣"体现了奋斗目标，为国家和人民找大矿、找富矿，提供充足的矿产资源，同时系统地保护矿产资源和生态环境。

地质部门矿产行业的中心工作和工作重点在于地质找矿、采矿。其经济使命是在维护矿产资源和保护生态环境的前提下，为国民经济与社会发展提供所需的矿产资源及其文献信息。

以地勘为例，其地位和性质，决定了地质找矿工作的根本是为了取得地质找矿成果，为国家经济建设提供矿产资源储量和地质资料。

以"献身地质事业为荣、以艰苦奋斗为荣、以找矿立功为荣"的"三光荣"精神，激励几代地质矿产工作者，为国家经济建设与社会进步不断做出重要贡献。

2 面临困难，人力资源短缺与生态环境问题亟待调整

2.1 地矿发展人力资源趋向短缺，青年职业选择取向变化，供需不对称

现代文明程度不断提高，物质条件和工作环境逐步优越。年轻人在成长过程中分享到经济社会的物质成果和文化条件。他们的社会需求，得以匹配较为多元的有效供给，具有较多可供选择的职业机会。

地勘等专业工作环境差，属于苦、累、脏、险的艰苦职业。现代择业比较中，选择了地质找矿事业，就意味着远离政治经济文化中心，经常以寂寞为伴。

地勘单位"工作苦"、"待遇偏低"。年轻人择业，向往从政，以及银行、电力等高尊贵、高待遇、高福利行业。在岗管理人员、技术人员亦不乏"改行"、"跳槽"。国民经济持续增长，矿产资源呈现紧缺；经济发展对地质矿产人力资源需求加大，而年青一代对地质矿产这一艰苦行业的选择度下降，供给与需求之间的反差加大。

2.2 地矿开发面临资源生态环境瓶颈

随着生产力水平与现代文明程度不断提高，地矿行业的外部经济问题逐渐被提出。地矿行业的资源消耗，其对生态系统的干扰以及对环境的污染，需要科技创新、管理创新，需要将外部成本内部化。这不仅为青年一代选择地矿行业增加了新约束、新变数，更为行业部门整体提出了转变发展方式、增进绿色内涵、优化技术路线等一系列生态经济要求。

新的要求集中表现为，在行业部门内部，要将过去推给社会及后代的资源生态环境成本，自我承担或资源化处置。

在行业部门和地方之间，要将过去推给其它行业或地方公众的资源生态环境责任和成本，在行业内承担，或有偿交由社会化、专业化、资源化机构处置。

部门行业对于勘探开采工程所引发的地质水文灾害、生态灾患和环境污染，承担经济负责。

所有这些，尚处于绿色发展初级阶段，探索之路艰辛艰难。

3 继承发扬"三光荣"精神，遵循生态红线，践行绿色发展

3.1 社会主义核心价值体系在地质事业的具体体现

当前，我们从指导思想、共同理想到时代精神、荣辱观，构筑中华核心价值体系。民族精神和时代精神是社会主义核心价值体系的精髓。而生态因素、绿色内涵均包含在体系与精髓之中。

在新的历史时期，进一步弘扬地质矿产"三光荣"精神，就是为了更好地推进地质行业社会主义核心价值体系建设，巩固地质队伍团结奋斗的共同思想基础。

3.2 推进地矿发展的精神力量

现实意义在于：一是应对国内外市场变化的需要，二是融入地方持续发展的需要，三是适应全面体制改革的需要。

矿业经济，受市场因素尤其是国际金融危机的影响，遭遇严重冲击，面临前所未有的挑战。世界经济在危机之后，经济恢复正经历一个缓慢而痛苦的过程。化解经济发展中的种种失衡，促进社会纵向循环，需要适应经济增长的新常态，需要量化测度指标，需要制度调整。在我国需要在操作层面，处理稳增长、促改革、调结构、惠民生、防风险诸项关系。

地矿行业，受到增长方式的制约，受到资源耗损、生态失衡、环境污染的掣肘，涉及地方经济和区域经济，涉及全面改革任务，转变方式、提高质量，需要参与开展生态保护红线的划定工作。

这些困难、挑战和应对，均需要有一种强大的精神来支撑和推动。

在社会主义市场经济条件下，需要用社会主义核心价值体系引领社会思潮，引导广大地矿员工了解经济社会现状，顾全发展大局，增强本职工作的认同感、责任感和使命感，实现地矿工作的社会价值，推动地矿经济和建设事业蓬勃发展。

3.3 学习实践，遵循生态红线，推进绿色发展

（1）认识基础，增强绿色发展认知和生态经济认知，加深外部成本内部化认知，了解相关部门行业的资源环境信息。

（2）方式步骤，了解各省市自治区保护生态红线的基本信息，了解农业保护生态红线

的基本信息，明晰并划定本部门本行业生态保护红线；开展典型示范项目和示范推广工程。

（3）探索持续性保障措施，调整体制机制。

通过实践，努力实现地矿行业与生态环境系统的和谐相处状态，实现地矿行业与"三农"和地方经济的可持续发展，从而使地矿行业可持续地作为国民经济健康稳定发展的重要力量。

参 考 文 献

[1]《中共中央关于全面深化改革若干重大问题的决定》编写组编著. 中共中央关于全面深化改革若干重大问题的决定 [M]. 北京：人民出版社，2013：32~55，61~87

[2] 中共中央宣传部. 习近平总书记系列重要讲话读本 [M]. 北京：学习出版社，2014：120~130

[3] 百度百科. 地质"三光荣"精神 [EB/OL]. (2014-03-27) [2014-10-11]
http://baike.baidu.com/view/3797401.htm? fr = aladdin

[4] 张高丽. 大力推进生态文明努力建设美丽中国 [J]. 求是杂志，2013 (24)：1~9

三

地勘单位思想文化建设

新时期地质调查队伍思想动态浅析

崔熙琳

（中国地质图书馆 北京 100083）

摘 要 本文论述了新时期我国地质调查队伍思想工作进展情况及职工的基本思想现状，指出地质调查队伍中仍有部分职工存在不同层面、不同程度的思想问题，既有普遍性问题，也存在职能分工、结构分类等方面的不同特点的问题。结合思想工作本身存在的不足，本文提出要坚持理论创新、手段创新、基层工作创新，确保思想政治工作实效，同时建立思想动态的跟踪反馈机制、思想问题的联席解决机制、思想政治工作的激励机制以及思想政治工作人才保障机制，强化思想政治工作保障。

关键词 地质调查队伍 思想动态 思想政治工作 创新 机制保障

地质调查队伍是地质调查事业发展的核心力量，加强地质调查队伍建设是实现保障我国经济社会可持续发展、提高矿产资源保障能力这一重大战略任务的题中之意。而实践证明，思想政治工作是营造人才价值环境的有效方式。加强地质调查队伍的思想政治工作，是推动地质调查事业改革发展的重要保障，是加强干部队伍建设的重要内容和提升地质调查管理能力的重要基础。因此，在地质事业飞速发展的进程中，迫切需要推进地质调查队伍的思想建设，为实现地质调查事业提供强有力的思想保障和精神动力。

1 思想政治工作进展及职工基本思想现状

近年来，地质调查局系统以邓小平理论和"三个代表"重要思想为指导，全面贯彻和落实科学发展观，围绕中心工作，开拓创新，完善机制，突出特色，丰富载体，不断探索新的工作思路，加强思想政治工作。特别是 2013 年党的群众路线教育实践活动开展以来，地质调查局系统将"加强思想政治建设"作为整改任务之一，紧抓落实，有力助推了思想政治工作的开展。如充分发挥发挥党组中心组理论学习的示范作用，推动理论学习的深入开展；开展各类特色教育活动，以活动为载体，营造创先争优、比学习、比技能、比服务的热潮，开展"百分制"竞赛、读书交流等活动，扎实推进"讲党性、重品行、作表率"活动，持续开展学习型党组织和学习型领导班子建设，抓好党风廉政教育等，使思想政治工作看得见、摸得着、听得到，取得了实效。地质调查队伍的思想状况有了很大改进。一是提高了思想认识，坚定了理想信念。干部职工自我教育、自我提高的内在动力得到提升，责任感、使命感明显增强。绝大多数干部职工对工作作风方面的不足、对事业发展中的新情况、新问题有了较为清醒的认识，改进作风、破解难题、促进发展的责任感、使命感进一步增强，能够下定决心进一步解放思想、改革创新、潜心业务，创造一流的地质调查工作成果。调查显示，地质调查局系统 80% 以上的受访职工非常关注地质行业发展前景，认为通过努力可以实现中国地质调查局"建设世界一流地调局"的目标；90% 以上的职工认为"事业立局、业务兴局"符合地调局的特点，对地调局的发展具有很强的指导意义；86% 的受访职工表示能从本职工作中体会到成就感和自豪感，地质调查队伍凝聚力较强。二是转变了工作作风，践行了求真务实。通过"弘扬三光荣精神、遵循两个规律"，提升服务水平，广大干部职工传承老一辈地质工作者留下的宝贵精神财富，进一步改进工作作风和工作方式，着力解决艰苦朴素精神淡忘、学风文风浮躁、潜心钻研业务不够、真抓实干劲头不足等问题。广大干部职工保持了良好的精神状态，考虑问题、作计划、部署任务更突出了求真务实，说实话、重实干、求实效的风气越来越浓厚。

2　职工思想方面存在的主要问题

然而，地质调查队伍中仍有部分职工存在不同层面、不同程度的思想问题，且逐渐凸显，这在一定程度上影响到其个人发展乃至地质调查工作的顺利开展。主要体现在以下方面：

2.1　普遍性问题

第一，对地质行业发展前景和自身发展存在思想顾虑。面对多元化的市场经济和事业单位改革的推进，面对地质行业未来前景的不确定性，部分职工信心缺乏，对于地质工作是将保持原有方向前行还是彻底转型，是继续保留事业单位性质还是走企业路线惴惴不安、摇摆不定，对于可能存在的改革产生畏难心理，固守既定模式，害怕改革和创新，甚至认为"地质工作将再次进入萧条期"，同时对个人的职业生涯规划等问题缺乏理性思考，尤其是转制单位的职工，处于单位身份不明确、业务定位不明晰的困惑和矛盾中。第二，对地质事业价值理念的认同感不强。一些职工认为，受地质工作业务性质限定，国家公益性的地质调查单位，从事基础地质工作需要长期坚守，短期内获取成就的可能性较小，与省市从事地勘工作的单位相比工资待遇（可支配收入）相对较低。同时，对于从事的基础性地质工作缺乏相应的成就感。这反映出部分职工未能正确认识基础性地质工作的性质和贡献，职业认同感和岗位自豪感较弱，地质工作的核心价值理念有所缺失。调查显示，中国地质调查局下属 28 家单位，由于所处地域分散，业务工作具有相对独立性，互动沟通较少，尤其是部分单位的党建和思想政治工作各自为战，水平参差不齐，凝聚力较弱，有部分干部职工尤其是京外单位职工对地调局的整体归属感不强。第三，对于现有的地勘单位管理体制机制存有不满情绪。调查显示，一些职工认为单位的管理体制机制缺乏活力，难以激发职工的职业发展积极性。激励机制、分配机制僵化固化，年轻科研人员的评级制度和行政制度不完善，排资论辈现象严重，以致于出现了两极分化，一部分人工作任务繁重，一部分人却拖沓敷衍。管理部门与技术部门、管理人员和科研人员甚至存在对立情绪。第四，部分干部职工理想信念缺失。部分干部职工的世界观、人生观、价值观这个"总开关"有所松动，甚至出现偏差，政治信念、组织纪律观念淡化，求利欲望强化，拜金主义、享乐主义、个人主义有所滋长，有的人甚至以权谋私、行贿受贿、腐化堕落。在业务工作中，科研技术人员存在急功近利和浮躁心态，个人利己主义倾向比较明显，唯学历是用，学风漂浮、作风虚浮、人浮于事，沉陷于项目管理工作，不太注重在基础岗位的实干，逐利、争位现象严重，丢掉了基础科学钻研的精神和劲头，唯"项目论英雄"，一味追求短期成果效应，忽视了地质工作的本质特性与内涵。第五，部分职工对思想政治工作不认可，存在抵触情绪。不少职工反映，业余时间职工之间缺乏有效的沟通和交流，缺乏凝聚力，团结协作的氛围不浓；思想问题的解决途径不畅，对于职工的感受和意见较少考虑，解决不了实际问题；当前思想政治工作的手段仍比较单一，工作方式方法陈旧，适应不了新形势，甚至还有部分职工认为单位根本就不重视思想政治工作或者没开展过有效的思想政治工作。重经济轻思想政治、重业务轻思想政治的现象比较普遍。

2.2 不同结构分类的职工思想现状呈现不同特点

首先，从年龄结构上看。青年职工普遍面临收入较低、住房成本高涨、子女入托上学难等问题，生活压力过大影响了工作积极性和热情。现有的人才队伍管理体制机制和思想政治工作中，对青年职工系统的业务培训、职业道德培训、职业发展规划等需要进一步加强。青年职工发挥特长、接受锻炼学习再教育和培训机会较少，缺少如出国交流、优质培训的深造等机会。部分人仅把现有工作当做谋生手段，职业归属感和认同感不强，发展方向和目标并不明确。中年职工方面，虽然承受的住房及生活成本压力较小，因大多是单位的业务骨干或者专家领导，行政工作及科研任务均十分繁重，压力极大，精神长期紧张，很容易出现亚健康问题，甚至导致身体透支、疾病缠身，身心健康状况堪忧。离退休职工方面，离退休职工更多关注离退休待遇保障，身心健康问题等，对于组织生活的参与具有很高热情。但目前受人力、经费、政策保障限制，离退休职工健康状况差异较大、居住分散等影响，思想政治工作难度更大。

其次，业务分工不同导致思想现状差异。对于管理岗位职工来说，政工队伍配备弱化，人员队伍下降且多处于兼职状态，工作繁琐繁重，分身乏术，缺乏工作积极性；部分政工干部专业水平有限，管理水平有待提高，在处理相关棘手问题上感觉吃力，摆不正位置，产生"应付"心理。有的单位领导轻视政工队伍价值，对政工职称评聘及待遇执行标准不一，政工队伍的考核评估体系操作性不强，评估结果失衡，政工干部自感价值不被认可，上进心受挫。同时，管理岗位职工也存在职业发展较为固化和单一、上升空间不大、发展方向受限比较多等问题，从而在思想上对于职业发展前景缺乏信心。对于科研业务职工来说，近年来，科研人员流向行政管理岗位趋势明显。得到提拔本来是好事，但优秀的科研人员从事行政管理岗位后，缺乏时间和精力从事科研工作，在一定程度上也影响了对科研和核心业务工作的保障，甚至出现了人才"浪费"现象。同时科研单位也面临着管理行政化倾向日趋严重的问题，行政干预较多、过细，管理机制较为僵化，使科研院所陷入行政化的泥潭，这种现象不仅让科研院所失去活力，更对青年科研人员和研究产生不良影响，不断加重的"行政化"已经成为制约科技创新和人才培养的桎梏。激发科研技术人员积极性和主观能动性的激励机制尚不完善，项目管理制度和财务报销制度的相关规定多有限制和矛盾，耗费时间和精力，科研人员很难全身心地投入到科研工作中。此外，"官本位"思想造成科研人员科研目的功利化，一些科研人员通过科研来展现和推销自己，以此作为走向"仕途"的资本，造成科研人员科学创新的消极化和科技创新氛围的僵化。对于野外一线职工来说，长期身处艰苦的野外一线，身心健康受到严重影响，缺乏活动经费和政策保障，精神文化生活匮乏，思想上寂寞苦闷，身体上的各种不适应，身心健康需要高度关切和重视。据调查，目前地质调查局系统内各单位野外党支部的建立情况参差不齐，开展组织生活的条件较差，缺少必要支持，党员的组织生活权利得不到保障，党员发展名额少，积极分子培养工作停滞不前，大家入党积极性受挫。野外一线职工的培训深造机会较少，在专业知识获取和学习交流上受阻，成长进步受限。地质调查工作野外相关任务主要靠一线职工来完成，但一线收入比例偏低，福利待遇差，野外工作补贴、伙食补贴较低，同时感到未受到应有的尊重，心中有不满情绪，找不到合理的宣泄出口，工作积极性严重受挫，青年人缺乏向上动力，中年职工缺乏"传帮带"的热情。

2.3 思想政治工作本身存在的问题

一是内容与社会发展需求不相适应。面对新形势新变化，缺乏对职工思想状况的跟踪和了解，思想政治工作的内容不能与时俱进；对于职工的住房、子女入托入学等现实性难题，仅仅表示理解，缺乏有效的帮扶和情绪疏导，使得职工产生找"组织没用"的误解；对于野外一线职工的身心健康问题，缺乏持续深入关注等。二是方式方法创新不足，缺乏广度和深度，说服力和感染力较差。思想政治工作方式方法仍习惯于按照上级的统一部署和安排来组织学习、开展活动，组织活动的形式简单，缺乏吸引力，流于形式，内容陈旧，和现实联系不紧密，在实际宣传工作中存在"假、大、空"等问题。如对地质调查事业前景、战略目标和价值理念等的宣讲流于口号式解读，缺乏系统性宣讲，总体力度不够，导致部分职工对此只是听起来耳熟，事实上并未真正理解和产生共鸣。三是针对性不强。由于系统内各单位经济条件、工作对象不同，对干部职工思想动态缺乏了解，思想政治工作针对性不强，未做到因人制宜、因情制宜、对症下药，影响了思想政治教育的实际效果。

3 坚持三个创新，确保思想政治工作实效

3.1 理念创新

首先，加强理论学习教育。当前，干部职工信仰缺失、思想迷茫的一个很重要的原因，就在于缺乏对科学理论的系统学习，容易在思想上产生困惑和迷茫。只有理论上清醒，才能保证政治思想上的坚定。要深入系统学习好马列主义、毛泽东思想、邓小平理论、"三个代表"重要思想、科学发展观，坚持用马克思主义中国化的理论创新成果武装头脑，深化"中国特色社会主义"和"中国梦"的学习宣传教育，坚定"三个自信"，要深入学习贯彻习近平总书记系列重要讲话精神，增强思想政治定力，使干部职工努力学习和自觉运用马克思主义的立场、观点、方法去观察、分析和解决问题，认识事物的本质和历史发展规律，提升思想政治素质，从而立足地质事业改革发展，正确、清醒应对纷繁复杂的形势，廓清思想迷雾，排除杂念干扰，坚定理想信念。其次，深入开展社会主义核心价值观教育。要把弘扬践行社会主义核心价值观融入干部职工教育、精神文明建设和党的建设的全过程，通过开展自学、辅导报告、撰写学习心得、座谈讨论等形式，宣传阐

释社会主义核心价值观，使之深入人心、落地生根。组织开展地质调查核心价值大讨论，提炼具有地质工作和单位特色的核心价值观。通过教育引导、舆论宣传、文化熏陶、实践养成、制度保障等途径，大力弘扬特色鲜明、积极向上的地质文化精神和价值理念，塑造地质工作者严谨的科学品格，提升良好的文化品位，建设美好的人文环境，满足广大干部职工的精神文化需求。结合工作实际，通过加强职业道德建设和政务诚信建设、开展群众性精神文明活动等多种形式，全面落实社会主义核心价值观和单位的核心价值观等，大力弘扬从我做起、从现在做起、从点滴做起的务实精神，引导广大干部职工带头践行核心价值观，带动起良好的党风、政风和社会风气。再次，加强干部职工科学道德与学风建设，营造良好的精神家园。营造勇于创新、鼓励成功、宽容失败的良好科研新环境，形成"比、学、赶、帮、超"的良好科研氛围，最大限度调动干部职工的创新积极性；有意识淡化"官本位"思想，推进行政化改革，不断优化完善人才培养引进政策措施，破除阻碍人才发挥作用的体制机制障碍，不拘一格选拔、使用人才；培养干部职工高尚的道德情操，不断提升自觉抵御歪风邪气的能力，让重大技术发明获得巨大利益，也让侵权、模仿、造假行为付出沉重代价；引导广大科研人员树立创新自信，脚踏实地，奋勇攀登，把个人理想、价值追求与实现地质梦、中国梦紧密结合起来。

3.2 手段创新

要针对性广大职工的思想实际和行为特点，突出问题导向，紧紧围绕改革、发展、稳定面临的难点问题和干部职工关注的热点问题，探索创新思想政治教育的方式方法，突出广大干部职工的主体意识，变单项灌输为双向互动交流，变单一说教为平等对话，循序渐进，深入浅出。要探索开展富有感染力和亲和力的文化活动，以文化艺术的趣味性和渗透性达到春风化雨、润物无声的效果。要适应时代发展，注重运用网络、微博、微信、手机报等新兴媒体，拓展宣传教育渠道，增强教育的辐射力和影响力。要坚持以人为本，关心关注广大干部职工的个体需求，通过开展党内谈心活动、走访慰问困难职工、建立健全帮扶机制等，将普遍性关怀与重点帮扶相结合、解决思想问题与解决实际困难相结合、保障权益与督促履行义务相结合，切实做到对广大干部职工在政治上关心、思想上引导、工作上帮助、生活上关爱、心理上疏导，使其真正感受到组织的存在和温暖，激发广大干部职工的内生动力。

3.3 基层工作创新

加强野外一线职工的思想政治工作。设立临时党支部，确保组织生活的正常化；给予一定的政策和经费保障，保证野外一线职工的工作生活质量；倡导党员发挥先锋模范作用，以点带线，以点带面；优先考虑发展野外一线职工党员，不能以是否在身边"看得见"作为评判标准；关注一线职工的身心健康，通过书籍、网络、丰富文体活动等方式加强野外一线职工的日常生活保障、心理疏导等。

4 建立四个机制，强化思想政治工作保障

4.1 建立思想动态的跟踪反馈机制

要加强对干部职工思想状况的跟踪研判，找准问题，对症下药。要以支部为单位，建

立干部职工思想动态了解、收集、反映、分析和报告制度，畅通思想状况动态收集反映渠道，发挥工、青、妇等群众组织作用，延伸思想政治工作的视线和触角，及时了解掌握并分析报告职工的真实思想状况，及时发现苗头性、倾向性问题，加强对职工的思想状况的分析研判。

4.2　建立思想问题的联席解决机制

思想政治工作从来都不是独立运转的，需要同各项管理机制体制密切协同配合，共同发挥作用，从而解决广大干部职工存在的思想问题。完善相应的管理体制，建立联席解决机制，针对发现的问题，相关的多部门联合进行会商协作，多管齐下，一起发力，将问题处理好、解决好，解除职工的后顾之忧。

4.3　完善思想政治工作的激励机制

把思想政治建设纳入各单位考核评价体系，把思想政治建设作为衡量各单位工作的重要标准。从组织领导上恢复思想政治工作权威，形成单位上下思想政治空气浓厚，人与人之间关系融洽，工作生活条件保障，文化生活丰富的良好氛围。完善激励进步机制，包括交流轮岗、职务提拔、荣誉激励、培育典型等，解决不愿做、不敢做、不会做思想政治工作的问题。教育政工干部进一步认识党的政治工作的重要性，树立光荣感和责任感，建议组织召开党建及思想政治工作会，大力表彰全系统模范政工干部，鼓舞政工干部士气，增强政治工作的威信，提升其工作热情和地位形象。

4.4　建立思想政治工作的人才保障机制

全面加强政工干部队伍建设。强化政工部门地位，政治上关心，经费上保障，人才配置方面倾斜。吸纳有才干且有热情的优秀人才到政工队伍中来。完善学习培训机制，促进政工人员队伍素质再提升、能力再提高。充分利用好干部职工培训基地等，开展各类党建、纪检、组群工作等的各类教育培训和研讨，使政工干部在实践工作中提高对邓小平理论、"三个代表"、科学发展观及党的群众路线等基本原理和指导思想的认识，推进工作的规范化和有序化，真正把思想政治工作融入各项业务中去，发挥其保证作用。

参 考 文 献

[1] 国务院关于加强地质工作的决定 [EB/OL]. (2006－01－20) [2014－10－11]
    http: //www. mlr. gov. cn/zwgk/flfg/kczyflfg/200603/t20060308＿72995. htm
[2] 中共国土资源部党组关于进一步加强国土资源人才工作的指导意见国土资源通讯, 2010 (19): 18～20.
[3] 赵奇, 覃家海, 等. 中央公益性地质调查人才队伍现状及发展对策 [J]. 中国国土资源经济, 2007 (100): 30～32
[4] 余浩科. 地质调查发展战略研究 [D]. 北京: 中国地质大学 (北京), 2008

新时期地勘单位思想政治工作初探

杨涛　　周强

（河南省地质矿产勘查开发局　郑州　450012）

摘　要　从对地质工作和地矿经济面临的新形势和新挑战的分析入手，总结出地勘单位职工在新形势和新挑战下思想政治工作的新特点及出现的新问题，并力求找出应对新挑战的解决思路和途径。

关键词　地勘单位　职工　思想政治工作

当前，地勘单位正处在改革攻坚阶段，随着事业单位分类改革深入推进，将对地勘单位重新进行定位。内部体制多样化、绩效工资分配多样化、就业岗位就业方式多样化，触及了职工切身的经济利益，思想观念也发生了复杂而深刻的变化，就造成一个局、一个地勘单位思想工作的特殊性和复杂性。只有深化地勘单位改革，积极做好新时期思想政治工作，才能不断地促进地勘单位平稳发展、和谐发展、健康发展。

1　地质工作和地矿经济面临的新形势和新挑战

当前，地质工作和地矿经济都在发生深刻变化，一方面，随着我国新型工业化、城镇化、信息化和农业现代化进程的推进，经济社会发展对地质工作的需求更加多样化，地质工作正在从"以地质找矿为中心"向"资源环境并重"转型。另一方面，随着全球矿业经济进入新一轮下降周期，地勘行业的"第二个春天"正在终结，地矿经济从持续了近10年的高速增长进入中低速增长的"换挡期"。

1.1　正确把握地质工作在经济发展战略中的地位和作用

随着经济的发展，地质工作作为经济社会发展的基础性、先行性工作，对发展战略将发挥越来越重要的作用：一方面，保障资源能源安全的任务依然艰巨。以河南省为例，作为人口大省、资源大省，河南省人均资源偏少、产业结构偏重的问题在一定时期还难以解决，战略资源、重要矿产必须立足省内来解决，加强地质找矿、资源勘查仍将是地勘队伍的光荣使命。多年来，河南省氧化铝、煤炭、钼、金、十种有色金属等主要矿产品产量一直在全国名列前茅。我省实施三大国家战略，对矿产资源的需求将有增无减。需要继续加大在省外、国外找矿力度，实现重要矿产互补，提高重要矿产资源储备。另一方面，地质工作需求更加多样化。在四化同步进程中，地质工作需求无处不在。除为新型工业化提供矿产资源以外，还有为城镇化服务的城市地质工作，为农业现代化服务的农业地质工作，为信息化服务的基础地质信息数据库建设。围绕建设"美丽中国"，地质工作不仅要承担地质灾害防治、地质环境恢复治理、绿色矿山建设工作，还将在工业污染防控、农村面源污染治理、水环境治理、固体废弃物污染防治和危险废物无害化处置、资源循环利用等方面大有作为。

1.2 积极应对地质工作中的新问题、新挑战

2014年及今后一个时期，随着国家化解资源行业过剩产能和加快转变经济发展方式，地矿经济面临的形势可能更加复杂；随着社会诉求多元化，地质工作的外部环境可能难以好转；随着事业单位分类改革逐步到位，地勘单位的制度约束可能更加严格。我们对这些问题必须有清醒认识，要有思想准备，超前谋划应对之策。一是矿业经济下行倒逼地质工作结构调整。由于一些矿产（主要是煤、铝、铁等大宗矿产）产能过剩，一些矿种已探明的资源储量与现实生产能力之间出现相对富余，还有一些重点区域因勘查程度高而需求相对饱和，造成以地质找矿为中心的地质勘查需求下降。地勘行业普遍预感到找矿工作的"黄金期"已经过去。但是，我们应当看到这种矿产资源过剩是结构性的、阶段性的，清洁能源、稀有金属等矿产资源仍然紧缺，一些发展中的地区矿产资源缺口仍然很大。地质工作结构必须顺应市场变化做出及时调整。二是地质工作外部环境变化倒逼地质工作方式转变。随着国家加大对生态环境脆弱区的保护力度，地质找矿的区域受到更多的限制。随着社会组织和个人维权意识的增强，矿产勘查中涉及到的道路通行、施工占地、环境恢复等成本增加，利益协调难度加大，造成工作周期拖延甚至项目取消。地勘单位要对"打一枪换一个地方"的游击工作方式进行适当调整，以建设勘查开发基地的方式多打阵地战；改变粗放管理的野外施工方式，推行绿色施工、精细化管理。三是制度约束倒逼地勘体制改革。按照事业单位分类改革的总体部署，今年全国将出台地勘局所属地勘事业单位具体的分类意见。无论公益一类、公益二类，都是事业单位，都必须严格执行事业单位管理制度，必须认真履行事业单位职能职责。地勘单位既然选择了事业单位，就要丢掉"事企混合、利益均沾"的幻想，做好跟着政府过"紧日子"的思想准备。

地勘单位还会面临一些不可预知的困难和挑战。但是，经过近10年的快速发展，大部分地勘单位有了应对困难和挑战的坚实基础，在地质工作机制、地勘体制上的改革创新，将会为地矿经济可持续发展释放更多的红利。在错综复杂、快速变化的形势下，地勘单位既要有必胜信心和克难攻坚的勇气，抢抓机遇、顺势而为、乘势而上；又要有忧患意识和底线思维，未雨绸缪、积极应对、赢得主动。

2 地勘单位职工思想政治工作的现状

地勘单位为了适应市场经济的要求，不断加快体制机制改革步伐，管理机制、经济运行方式均发生了深刻的变化，职工的思想认识、思维方式和价值取向也随之发生了很大的变化，呈现出新的特点：一是地勘单位分类改革使地勘单位逐渐产生了利益主体的多层次与利益关系的多样性，地勘单位各实体之间乃至广大职工的利益实现随之出现了各不相同的利益追求，这就形成了思想政治工作的多层次性、多样性。二是市场经济条件下，竞争

既是一种经济活力机制，也是一种经济手段，同时也带来了一定的负面影响，部分职工只提竞争不讲团结协作、只争利益不讲贡献与奉献，这对思想政治工作提出了新的更高要求，工作也更艰巨。三是职工对利益关系的公正、公平性要求甚为迫切，广大干部职工希望在各方面都公平，但现实中不公平的现象屡屡出现，这势必给干部职工的思想造成种种疑团和困惑。现实生活还表明，在市场经济开放的同时，腐朽的思想和生活方式也会乘虚而入，产生不可低估的影响，这也带来了政治思想工作的复杂性。四是市场经济追求经济效益最大化的特点，使一部分职工错误地认为市场经济条件下，人们皆为利益而来，一味靠物质刺激来调动干部职工的积极性，这也带来了对加强思想政治工作紧迫性的要求。

3　地勘单位职工思想政治工作中存在的问题

随着体制改革的不断深入和地勘单位改革进程的进一步加快，干部职工对本单位生产经营状况和经济效益的关注程度明显提高。但有部分职工甚至一些领导干部对思想政治工作的地位、作用产生了模糊认识，出现了偏差和误区，认为只要把经济工作搞上去了，其他工作自然就会好起来。殊不知经济工作的不断发展为思想工作提供必要的物质支持，而思想工作对经济工作起到巨大的能动作用，它可以对经济工作起到巩固、推进或阻滞作用，二者之间存在着互相影响、互相依存、互相促进的辩证统一关系。因此，对思想政治工作重要性的认识问题不解决，势必会对经济建设的持续、稳定与发展带来很大的影响。目前，地勘单位职工思想政治工作中存在的主要问题有：

3.1　宣传思想工作方法单一化

一方面地勘单位职工构成在年龄、文化水平、生活经历、工作地域等方面有很大的不同，另一方面地勘单位在实际宣传思想工作中却方法陈旧、形式单一，利用信息化的新技术、新手段不足，灌输式工作方法依然占主导位置，创新意识不强，与不断发展的信息时代新形势不相适应，没有解决职工的实际需求，没有满足职工的多层次需求，弱化了思想政治工作的吸引力，因而得不到广大职工的认同和接受。尤其在当前事业单位分类改革的大背景下，部分干部及思想政治工作者对体制机制改革的必要性、重要性和紧迫性认识不足，导致对行业改革中出现的一些新问题、新矛盾、职工关心的"热点"、"难点"问题，研究不够、分析不透，无法从理论高度向职工群众做出合理的解释。这些都给地勘单位的思想政治工作带来了新的挑战。

3.2　对宣传思想工作认识不到位

随着经济的全球化，地勘单位部分人员不能很好地处理宣传思想工作和经济工作的关系，个别地勘单位领导和部分职工认为搞市场经济不需要思想政治工作，认为业务技能是硬的，经济指标是实的，是真家伙，思想政治工作是软的，是虚家伙，出现一手硬一手软的现象。致使职工中存在的思想问题、错误认识得不到及时疏通和引导，忽视自身思想政治素养、道德品行修养的提高，导致在实际工作和生活中遇到困难时，不能有效地进行自我调整，容易产生消极情绪，影响正常的工作生产。

3.3 宣传思想工作针对性不强

在工作中存在对搞思想政治工作责任不明、任务不清的问题，个别基层行政领导认为自己的工作职责就是抓行政工作和经济工作，思想政治工作是专门机构和专职思想工作者的事，与己无关。思想政治工作停留在上层和表层，出现上层热、中层温、基层凉的现象。宣传思想工作结合实际不够，在基层多为走形式、走过场，针对性不强。随着地质工作市场的不断拓宽，服务领域不断扩大，队伍更加流动分散，专兼职思想政治工作人员与基层和生产一线职工的接触以及以个人言行来影响和带动职工的机会越来越少。

3.4 思想政治工作者综合素质有待进一步提高

思想政治工作的对象是人，随着地勘业改革不断深入，走出国门，地勘单位工作的信息化、现代化，人们的思想观念和价值取向呈现多元化的趋势，思想更加活跃，观念不断更新，精神文化需求也复杂多样。同时，西方的价值观念、文化理念逐渐渗透到我们生活中来，思想政治工作的人本性、开放性日趋明显。这就要求思想政治工作者不但要有较高的政治素质和知识素质，更要有职业素质和创新意识。而地勘单位不少思想政治工作者知识结构老化，对现代经济知识、科学技术缺乏了解，更不具备与时俱进的创新意识，大大制约了地勘单位思想政治工作的健康发展。

4 地勘单位思想政治工作的对策

随着改革进入攻坚期和深水区，社会利益多元、思想多样、冲突多发，给思想政治工作带来新的挑战。地勘单位要提高战略思维、创新思维、辩证思维、底线思维能力，积极回应社会关切，协调好改革、发展、稳定的关系，积极做好思想政治工作。

4.1 建立高效协调的组织管理机制，实现思想政治工作全方位覆盖

思想政治工作是实践性与群众性相统一的应用科学，具有较强的整体性、系统性。地勘单位要将思想政治工作同时纳入管理范畴，对各级领导和各基层单位下达思想政治工作目标，把软任务变为硬指标，并与行政工作目标同时结合起来。一些地勘单位推进了班子领导干部双重职务的作法，每位领导同志即要认真履行所担任的职务职责，同时还在各个经营中担任实职，直接领导、参与生产经营工作，直接指挥生产，处理其有关生产经营的人、财、物等方面的问题。这样做，可以及时发现和掌握职工思想问题，有助思想政治工作的进行，针对职工出现的思想苗头，及时果断地处理在萌芽之中。领导机制的转变，又把思想政治工作与解决职工实际困难有机的结合起来。真正使思想政治工作由过去的"可做可不做"转变为"必须做"，由过去的"被动做"转变为"主动做"；由过去的"做好做坏一样"转变为"做好做坏不一样"。由此形成思想政治工作的主体，进一步强化了思想政治工作效果。

4.2 建立事前引导"防疫"机制，实现思想政治工作的有效性

积极掌握职工思想动态，加强预测，把思想工作做到前面，有针对性的适时引导教育，

才能防患于未然。即可充分增强职工的免疫抵抗力，又可防止突发事件的产生。要加强对职工的心理疏导工作，关心职工的冷暖。高度重视职工的心理需求，及时提供有效的咨询服务，特别是事业单位分类改革已提上了日程，对未来的不确定或多或少给职工造成了一定的思想波动，这就要求地勘单位在内部开展广泛的社会责任教育，让职工深刻认识地矿行业的特殊性和历史使命，教育职工群众要适应社会发展趋势，树立把地勘经济搞好的信心，更好的履行应承担的经济责任、社会责任和政治责任。思想政治工作如果不关心职工的冷暖，不认真解决职工的实际困难，思想政治工作就是空洞的。因此，把解决实际问题，作为思想政治工作的重要内容，并善于把思想政治工作做在解决困难的过程中，坚持即讲道理，又办实事，办了实事，再讲道理，真正保证物质文明建设与精神文明建设的同步加强。

4.3　建立健全思想政治工作者的使用选拔机制

社会、经济及行业形势等的不断发展和变化对思想政治工作提出了新的要求，要提高思想政治工作的有效性，就必须提高思想政治工作者自身的素质，加强自身修养。因此，建设一支创新型、发展型、有活力的思想政治工作队伍，方能与时俱进，应对各种挑战。这就要求：思想政治工作者不仅要有过硬的政治素质、知识素质，还要有良好的投身实际工作的业务素质和不断学习、不断思考、不断创新的进取意识；各级党组织要重视思想政治工作、关心思想政治工作者的成长，制定切实可行的培训制度和计划，提高他们的思想政治觉悟、文化程度和专业知识水平，拓宽他们的知识面，提高他们的实际工作能力。

4.4　利用先进的信息技术手段，切实加强思想政治工作的创新能力

思想政治工作只有不断与时俱进、不断开拓创新、不断研究新情况解决新问题，思想政治工作才能与快速发展的形势合拍。新的形势下，职工的自主意识、平等意识、参与意识、创新意识日益增强，这是地勘单位做好思想政治工作十分有利的条件。思想政治工作要尊重职工的主体地位和首创精神，使思想工作更加生动活泼。要积极利用信息化技术努力做到四个超前：思想政治工作调查研究超前、宣传导向超前、形势任务学习超前、各种形式的群众自我活动超前，积极探索经营机制，强化内部激励机制，切实加强地勘单位思想政治工作的创新意识和创新能力。

市场经济瞬息万变，科学技术日新月异。当前信息化日益成为推动经济和社会发展的因素，也必然应当成为思想政治工作强有力的支撑。除了传统的方式、方法，思想政治工作者也应当学习、应用信息技术等新的工作方法，积极利用微博、QQ、网络、视频等寓教于乐的方式，做好远程教育、随时教育，开展好职工喜闻乐见、乐于接受活动，提高思想政治工作的针对性，以收到实实在在的效果。

参 考 文 献

[1] 龙凯. 思想政治工作原理 [M]. 北京：中央编译出版社，2011
[2] 张先余，董盛明. 加强新时期地勘文化建设初探 [J]. 中国国土资源经济，2013，（1）：17~20
[3] 史静等. 国土资源文化现状调查研究 [J]. 地学文化动态，2013，（10）：2~14

创新思想政治工作 构筑地勘单位新辉煌

王莉 黄磊 陈慧

（中国地质图书馆 北京 100083）

摘 要 近年来，随着重要矿产资源的勘查开发，地勘单位的经济实力也大大增强，这为地勘单位的改革发展提供了很好的机遇。但是随着改革的不断深入，地勘单位思想政治工作也面临许多新的挑战，工作难度将会越来越大。对此，地勘单位必须充分加强和改进思想政治工作，积极探索和创新思想政治工作的途径和方法。

关键词 思想政治工作 创新 地勘单位

地勘单位一直是我国地质找矿的主力军，为我国社会主义建设事业和国民经济高速发展做出了重要贡献。与此同时，地勘单位也在国民经济发展中增加了自己的经济实力，并在各自的领域内取得了辉煌的成绩。

当前，随着全球矿业经济持续低迷，全球矿产经济格局开始悄然变化，很多国家地区已经开始了重要矿产资源的控制，加大矿产综合开发利用，这也影响着我国的矿产形势。同时，事业单位分类改革（中发【2011】5 号文件）的决策以及十八大以来大力倡导生态文明建设都对矿产资源的开发和工艺技术提出了更高的要求。在这种形势下，地勘单位的生存和发展都需要重新定位。为了在改革发展中大有作为，地勘单位必须加强自身修炼，凝聚人心，积聚力量，筑牢思想政治工作的坚实基础，从而打造一支敬业奉献的高素质队伍，应对各种挑战，为国民经济的发展和社会的和谐稳定再立新功。

新时期，地勘单位思想政治工作应着眼于单位的实际情况，完善工作制度，创新工作机制，通过形式多样、内容丰富的各类活动，引导和教育职工群众用阳光心态对待工作，积极主动创新，从而实现地勘单位与职工的共同发展。

1 完善各类制度，促进规范管理

1.1 建立和完善思想政治工作制度

思想政治工作是一切工作的生命线，是地勘单位完成国民经济先行性、基础性工作的伟大使命的可靠保证。地勘单位的思想政治工作要立足于团结一切可以团结的力量，调动一切积极因素，把干部、群众的积极性引导好、保护好、发挥好。

为了更好开展思想政治工作，要建立和完善必要的学习制度、会议制度、报告制度、联系人制度、访谈制度；建立健全"一岗双责"的管理制度和问责制度。同时要切实加大思想政治工作的投入，要与单位的业务工作同部署、同落实、同检查、同总结、同评比。各部门、各单位的主要负责人是本部门、本单位思想政治工作的第一责任人，坚持思想政治、行政业务工作两手齐抓，一并落实，使思想政治工作在内容上由虚变实，在形式上由软变硬，做到制度化、规范化。

1.2 建立适应形势要求的思想政治工作新机制

地勘单位思想政治工作是一个常抓常新的工作，要做好这项工作，就要不断创新工作方法。

首先，要建立齐抓共管的组织领导机制，坚持从实际出发，实行党政干部一肩挑、双向兼职和同职合并的模式。坚持党组织领导，形成党政工团齐抓共管、多管齐下的立体式的组织领导体制。

其次，要建立内容丰富的思想教育机制。规范思想政治教育工作的内容、范围和途径，建立思想引导机制，对职工思想热点及难点进行调查分析，逐渐形成由多种教育体系构成的思想教育机制，实现在思想教育上由滞后教育转向超前引导，杜绝"亡羊补牢"。

再次，建立科学有效的工作问责机制。完善和落实思想政治工作责任制，分片包干，责任到人。建立经常性的分析研究工作机制，及时把握研究职工的思想状况，明确党政工作在思想政治工作中的责任，使地勘单位的思想政治工作真正落到实处。

2 注重人文关怀，构建情感认同

2.1 倾注情感，用心做事，坚持以人为本

思想政治工作说到底是做人的工作，必须坚持以人为本，注重人文关怀。地勘单位思想政治工作以解决职工现实困难和问题为落脚点，针对职工存在的困难和问题，要倾注情感，面对面谈心交流，找出困难与问题的所在，有的放矢做工作。要用心解决职工群众最关心、最直接、最现实的问题，切实保护职工利益。

"群众利益无小事"，地勘单位思想政治工作既要从宏观上把握职工对社会、对形式的看法和态度，全面分析职工的思想动态和精神需求，又要从微观上了解职工的疾苦，深入细致地与职工沟通，把党的方针政策贯彻到职工群众中去，形成思想领域的强大动力，为地勘单位的发展提供坚强的政治保障，更好地服务社会。

2.2 发挥文化阵地作用，构建情感认同

文化是一种软实力，体现着一支队伍的思想品质、科学文化涵养、行为规范和精神状态。"以献身地质事业为荣、以艰苦奋斗为荣、以找矿立功为荣"的"三光荣"精神是地勘行业广大干部职工长期为国探宝和奉献的结晶，是鼓舞和影响几代地质人的精神支柱和力量源泉，是搞好地质工作的"三大法宝"，是"地质之魂"。多年来的实践证明："三光荣"对于发扬地质队伍优良传统，培养敢打硬仗的地质队伍，推动地质文化建设，促进地质事业科学发展都起到了积极的推动作用。

现阶段，"三光荣"精神是社会主义核心价值观的重要内容，与党的群众路线教育实践活动具有深度的契合。地勘单位的思想政治工作要以此为契机，大力弘扬"三光荣"精神，把弘扬"三光荣"精神与践行党的群众路线，加强党员干部党性修养、作风建设结合起来，用"三光荣"精神来增强地质工作的认同感、责任感和使命感，引导广大地矿人牢记宗旨、爱岗敬业。

3 营造和谐工作氛围，推动改革创新

3.1 深入基层，体察民情，建立广泛的群众基础

营造和谐工作氛围是做好思想政治工作的重要前提。地勘单位的政工干部一定要坚持深入基层的作风，体察民情民意，想群众之所想，帮群众之所需，解群众之所难，在做好群众思想政治工作的同时，形成良好的群众基础，营造和谐的工作氛围，为深入推进思想政治工作奠定坚实的群众基础。

3.2 以经济建设为中心，深化管理和服务，推动改革创新

地勘单位的思想政治工作要紧紧抓住政治工作要服务于经济建设这条主线，创新工作方法，改进工作形式，在服务中实施管理，在管理中体现服务，把思想政治工作与地勘单位的改革发展有机结合起来，柔性管理，总体控制，有效渗透。在用人机制上，营造公平公正的用人机制，严把入口关，为地勘单位的发展提供人才支持；在稳定队伍方面，引导和教育职工认清形势，解放思想，转变观念，使广大职工干部积极投入的改革发展中去，为地勘单位的稳定发展做出应有的贡献。

3.3 树立科学发展观，促进和谐稳定

构建和谐社会的目的，是让人民群众充分享受发展的成果，促进经济社会的全民进步和人的全面发展。因此，地勘单位的思想政治工作要与构建和谐地勘单位统一起来，坚持科学发展观，协调发展的环境，为职工搭建必要的成长平台，满足员工展示自我价值、追求更高层次的需要，让广大的地勘职工享有发展带来的实惠。

4 发挥群众组织优势，探索创新有效载体

工会、共青团、妇联是党领导下的职工群众自愿结合的群众组织，在单位思想政治工作中具有举足轻重的作用。地勘单位思想政治工作要充分发挥群众组织的优势作用，拓展群众组织的思想政治工作载体，建立党委统一领导，党政各部门和工会、共青团、妇联齐抓共管，各负其责的思想政治工作体制。

思想政治工作要结合时代特点，找到新的"载体"，才能吸引更多的群众参与。群众组织要积极探索社会、单位、家庭于一体的思想政治工作氛围，利用组织网络优势和现代化传媒手段，通过分析不同性别、不同年龄职工的偏好，组织适合不同年龄、不同性别的职工参与的各类活动。通过组织各种寓思想政治教育于其中的活动，让思想工作渗透在人

性化教育活动中，使广大职工在参与中实现寓教于乐的效果。

工会、共青团、妇联等群众组织，在实际工作中与广大职工有着广泛而密切的联系，充分发挥这些群众组织的优势，开展一系列具有特色的活动，在加强地勘单位职工思想政治工作中是可以大有作为的。

总之，意识形态领域的工作是极端重要的。地勘单位在改革发展中一定要坚守思想政治工作高地，创新工作观念、方式方法和体制机制，不断提高思想政治工作的针对性和有效性。从而为地勘单位深化改革、经济发展以及和谐稳定奠定坚实的思想基础。

参 考 文 献

[1] 贺建委．浅析地勘单位面临的形势及工作重点 [J]．中国国土资源经济，2008（4）：41～42.
[2] 马树波，吴宏文．浅谈如何做好新时期地勘单位思想政治工作 [J]．党史博采，2008（10）：29～29.
[3] 裴艳．加强地勘单位思想政治工作的几点思考 [N]．青海日报，2011－09－13（6）
[4] 中央管理地勘单位发展问题研究及分类改革建议 [EB/OL]．（2012－08－19）[2014－10－11]
    http：//blog. 163. com/sguowen%40126/blog/static/4034756320127191 0582319
[5] 刘刚．地勘单位思想政治工作要坚持以人为本 [N]．中煤地质报，2013－04－03（3）
[6] 孙惠增．浅谈新形势下的地勘单位思想政治工作 [J]．党史博采（理论），2008（5）：18

牢固树立"以人为本、执政为民"的群众工作理念

陈建农

（中国地质调查局西安地质调查中心　西安　710054）

摘　要　本文阐述了"以人为本、执政为民"群众工作理念在党的建设工作中的意义和作用。描述了西安地质调查中心在党的群众路线教育实践活动中贯彻"以人为本、执政为民"的群众工作理念的一些做法，也描述了党的作风建设和群众工作的相互关系。

关键词　以人为本　执政为民　作风建设　群众工作

通过党的群众路线教育实践活动，广大党员干部认识到在新的历史条件下提高党的建设科学化水平，必须牢固树立"以人为本、执政为民"的群众工作理念，自觉贯彻党的群众路线，始终保持党同人民群众的血肉联系。要充分认识到"以人为本、执政为民"的群众工作理念是党的群众路线的全新诠释和遵循，是今后党的群众工作的方向。

1　培育和践行"以人为本、执政为民"的工作理念是党新时期群众工作的必然要求

以人为本、执政为民是我们党的性质和全心全意为人民服务根本宗旨的集中体现，是指引、评价、检验我们党的执政活动的最高标准，二者是相辅相成和辩证统一的关系。以人为本着重强调人在社会发展中的主体地位，就是要尊重人民的主体地位，发扬人民的首创精神，保障人民的各项权益，促进人的全面发展，真正做到发展为了人民、发展依靠人民、发展成果由人民共享；执政为民是践行科学发展观的本质要求，明确了我们党是在代表和依靠人民群众执政，是为了维护广大人民群众的根本利益而执政，要始终坚持权为民所用、情为民所系、利为民所谋。执政为民是以人为本的具体体现，以人为本、执政为民作为党的生命根基和本质要求，与党的宗旨是高度一致的。只有坚持以人为本、执政为民，心里装着群众，时刻想着群众，全力服务群众，了解群众的心态和意愿，深入细致地开展群众工作，真正解决群众生活中的实际矛盾和问题，才能真正实现好、维护好、发展好最广大人民群众的根本利益。

强调以人为本、执政为民有着深刻的历史背景和现实意义，从历史和现实都充分证明，我们党是靠人民群众发展壮大的，建党 90 多年来辉煌成就的取得，根本原因就是我们党赢得了广大人民群众的拥护和支持，这与全党同志继承和发扬我们党在长期革命斗争和社会主义建设、改革开放中形成的优良作风是分不开的。人民群众是历史的创造者，是

社会历史前进的主体力量，是国家和社会的主人，是党执政的社会基础，人心向背决定一个执政党的兴衰成败，密切联系群众是我们党最大的政治优势，脱离群众是我们党执政后的最大危险，因此，强调以人为本、执政为民是提高党的执政能力和巩固党的执政地位的必然要求，更是新时期群众工作的核心价值体现。

胡锦涛总书记在 2011 年 7 月 1 日庆祝中国共产党成立 90 周年大会上讲话中强调："只有我们把群众放在心上，群众才会把我们放在心上；只有我们把群众当亲人，群众才会把我们当亲人。"群众路线是党的根本路线。始终保持同人民群众的血肉联系，是我们战胜各种困难和风险，不断取得事业成功的根本保证。在新时期、新形势下，群众工作有了新的时代特点。群众要求社会公平、公正、公开的法治意识不断提高，依法维护个人合法权益、表达个人利益诉求的方式越来越多样化，不同利益主体间的矛盾也越来越复杂。有些干部面对复杂局面，不能适应新形势的变化，变得不愿做、不敢做、也不善做群众工作，客观上增加了脱离群众的危险。这些现象必须引起我们的高度警惕。党的领导干部必须坚持"以人为本、执政为民"理念，牢固树立正确的群众观，始终坚定不移地走群众路线，切实提高做好群众工作的本领。

2　党的领导干部要把"以人为本、执政为民"的工作理念贯穿于群众工作的方方面面

坚持"以人为本、执政为民"理念，最基本的要求是要端正对群众的工作态度，增强服务群众的本领，掌握群众工作的方法，扎实做好群众工作。要把服务群众、做群众工作作为党组织的核心任务和党员干部的基本职责，使党组织成为推动发展、服务群众、凝聚人心、促进和谐的坚强战斗堡垒。只有把"以人为本、执政为民"的理念和要求贯彻到群众工作中去，才能将人民群众最现实、最关心、最直接的利益落实好，才能获得人民群众的拥护和爱戴。

群众工作是一项长期的、基础性的工作，不是搞一个活动，进行一次整改就能做好的，需要在平时下功夫，只有平时的日积月累，到关键时刻才能发挥作用。如果平时不注意联系群众，等有了难题才想到群众工作是很难奏效的。群众工作需要真情实感，只有心里装着群众，群众心里面才能装着你。细微之处见作风，党员干部要把群众的冷暖真正装在心上，时刻挂在心上，要坚持工作重心下移，经常深入实际、深入基层、深入群众，做到知民情、解民忧、暖民心。这就要求干部队伍要通过开展联系群众的各项活动，组织机关干部主动联系群众，发扬优良传统，不断增进对群众的思想感情。如中心领导干部和管理部门职工下一线，与野外职工同吃、同住、同劳动，与人民群众要过"感情关"，以自己的亲身经历来体验他们在野外艰苦条件下工作的辛苦，不断提高服务群众的本领。主动关心他们家庭存在的实际问题，组织青年人解决他们出野外期间家庭存在实际困难，在近距离的、高密度的接触中逐渐增进同人民群众的感情。要着力解决时代的快速发展带来的各种矛盾，把破解群众关心的热点问题、难点问题作为实践群众路线的有力抓手，取信于民，做让人民满意的工作。

时代的更迭变换给群众工作带来许多新问题、新矛盾，一些党员领导干部难以适应迅速发生的变化，导致群众工作的方式滞后，方法简单，针对性不强。新的形势要求我们必

须结合新变化，用好说服教育、示范引导、提供服务和心理引导等方法，把群众工作做深做细做实，增强群众工作的亲和力和感染力，提高群众工作的针对性和实效性。说服教育是党的群众工作的优良传统，也是新形势下群众工作的基本方式。做好说服教育工作，要尊重人、理解人、关心人，解决思想问题要靠耐心细致的说服教育，注意在内容上贴近社会生活，贴近群众实际需要，善于与群众平等交流，在交流中把道理讲得深入浅出，真正赢得群众的理解和支持。示范引导是解决思想问题的有效方法，它要求党员干部身体力行，发挥模范带头作用，以身边的榜样引导群众。做好群众工作的一个重要前提是得到群众信任，只有为群众作出表率，才能说服引导群众一道前进。做好群众工作，要以形式多样的活动为载体，把党员联系群众寓于各种为民服务的活动之中，切实为群众办实事、办好事，让群众得到实实在在的利益。现阶段，我们要集中精力把群众在党的群众路线教育实践活动中提出的问题整改好，让群众满意。服务群众，不仅要关心群众的物质利益，还要关心群众的精神文化需求；不仅要关心一般群众的共性需求，还要关心不同群体的特殊需求；要从各个方面提高服务群众的能力，积极主动地为群众提供服务。在关心群众实际问题解决的同时，还要关心群众的心理，关心群众的内心感受，引导人们正确对待挫折和荣誉，正确对待自己、他人和社会，积极培育健康、向上、平和的社会心态。

坚持"以人为本、执政为民"理念，做好新形势下群众工作，必须始终做到问政于民、问需于民、问计于民，真诚倾听群众呼声，真实反映群众愿望，真情关心群众疾苦，切实解决群众反映强烈的突出问题。要重视群众的来信来访问题，坚持预防矛盾和化解矛盾并重，努力解决好影响社会和谐稳定的源头性、根本性、基础性问题。要把积极预防矛盾作为做好信访工作的基础。针对发展类矛盾，要推行科学决策，建立健全重大事项评估机制，切实减少因决策不当而引发社会矛盾；针对政策类矛盾，要坚持依法按政策办事，依照政策规定解答和办理群众提出的问题；针对涉法涉诉类矛盾，要深入推行廉洁公正执法，从源头上解决执法不公、不严、不廉的问题；针对治安类矛盾，要加大人防、技防、物防投入，构建群防群治体系，有效防范影响群众生命财产安全的治安问题。

3 把"以人为本、执政为民"的工作理念作为加强干部队伍作风建设的根本要求

干部队伍作风是干部的思想、工作和生活态度的集中反映，是一种重要的政治资源，其内容十分广泛，但从它的实质上说就是干群关系问题，从根本任务上说就是为了密切党群干群关系问题。因此，干部队伍作风建设的好坏直接影响到群众工作扎实有效开展。以人为本、执政为民强调民本意识和民本地位，要求广大党员干部要自觉地践行全心全意为人民服务的宗旨，坚持对党负责与人民负责高度统一，切实维护人民群众的根本利益，以自己的实际行动为密切党群干群关系做出应有的贡献。因此，强调"以人为本、执政为民"的理念，首要的问题就是要加强和改进干部队伍的作风建设。

从次党的群众路线教育实践活动中所反映的问题看，干部队伍作风建设存在着不少的问题，主要表现在这样几个方面：群众观念淡薄，想问题、方法简单，决策脱离实际。作风不扎实，见问题就推，见矛盾就躲，对群众反映的问题久拖不决。这些问题严重损害群众利益，必须采取有效的制度措施来加以标本兼治。针对存在问题，本着立行立改的原则

制定出了《西安地质调查中心专项整治方案》，着力解决干部队伍作风方面存在的突出问题和推进事务公开，接受群众监督。

要大力弘扬求真务实和艰苦奋斗的作风。要认真落实中央有关厉行节约的规定，坚决克服官僚主义、形式主义、弄虚作假、铺张浪费等问题。能克服的困难就要克服，能省下的要省下，把有限的财力用在群众最需要的地方。做决策、办事情都要考虑实际情况和群众的承受能力，绝不能为捞所谓的"政绩"而搞一些不切合实际的事情，更不能盲目攀比而追求高消费，让群众不满和唾骂。

4 建立健全群众工作长效机制是落实"以人为本、执政为民"工作理念的基础

树立"以人为本、执政为民"的群众工作理念，必须始终把制度建设贯穿党的思想建设、组织建设、作风建设和反腐倡廉建设之中，坚持突出重点、整体推进、继承传统、大胆创新，构建内容协调、程序严密、配套完备、有效管用的制度体系。当前，我国正处于新一轮改革发展的关键时期，群众工作面临着许多新情况、新问题，建立新形势下群众工作的长效机制与以往任何时候相比都更加必要、更加迫切。这就要求我们要坚持以人为本、执政为民的理念，不断创新工作思路，探索新方法，建立长效工作机制，形成务实管用、规范系统的机制体系，促进社会和谐稳定。一是要建立健全联系群众机制。建立健全联系群众的常态化工作机制，采取走访座谈、专题研讨、健全网络交流平台等方式加强与群众的联系，实现与人民群众的良性互动。在此党的群众路线教育实践活动中，西安中心党委已经制定出了建章立制计划，正在持续落实。二是建立健全群众监督机制。通过发挥职代会作用、持续推进事务公开等方式，把群众监督落到实处。同时，建立健全包括教育机制、权力机制和保障机制在内的群众监督的相应机制。三是要建立健全维护群众利益的工作机制。必须对维护群众利益的制度体系进行深入研究，从工作机制和制度建设入手，注意培养干部的制度意识和制度的执行力，注重在治本上下功夫，从源头上加强治理，使维护群众利益工作逐步走上制度化、规范化的轨道。四是要建立健全群众合理诉求的表达机制。做好群众工作，必须建立全社会利益的沟通渠道和协调机制，不断完善和拓展群众参与决策的形式，更好地反映群众的意见和愿望。五是要建立健全领导干部接访机制。要树立预防为主的观念，变被动接访为主动预防，定期召开党政工联席会，及时解决各类群众反映的热点、难点问题，达到促进中心各项工作目的。

从制度建设看中国地质图书馆文化

黄育群

（中国地质图书馆　北京　100083）

摘　要　制度文化是组织文化的重要组成部分，是精神文化和物质文化的中介。组织的管理制度要按照组织文化的总要求进行设计，管理制度反过来也能体现组织文化理念。分析中国地质图书馆的制度建设情况，就能了解其文化建设状况。

关键词　组织文化　制度文化

1　引言

组织文化是指组织在运行管理过程中所形成的独具特色的思想意识、价值观念和行为方式，是在组织领导者的引领下，全体员工在长期的创业和发展过程中培育形成，并共同遵守的最高目标、价值标准、基本信念及行为规范。组织文化由以精神文化为内核的组织的物质文化层、制度文化层和精神文化层三个层次构成。

组织的规章制度是组织文化的重要组成部分。在组织文化的三个层次中，制度文化是精神文化和物质文化的中介，它既是组织文化的一种外在表现形式，也体现着组织的内在精神；既是适应物质文化的固定形式，又是塑造精神文化的主要机制和载体。由于组织的规章制度中规定了组织整体以及员工个体必须遵循的行为规范，从中不仅可以看出组织信奉的价值理念，还能看出组织的做事方式与风格。研究一个组织的规章制度即可大致了解该组织的文化。

本文将以中国地质图书馆（下称图书馆）的制度建设为例，阐述如何从组织制度建设分析了解组织文化。

2　组织制度文化的内容

一般而言，组织制度文化主要包括领导体制、组织机构和管理制度三个方面。组织的领导体制的产生和变化，是适应组织发展的必然结果，也是组织文化进步的产物；组织的组织结构是组织文化的载体，这种组织结构既包括正式组织结构，也包括自发形成的非正式组织；组织的管理制度则是组织为适应管理需要所制定的、起到规范员工行为、明确员工义务、保障员工权益的各种规定或办法。在制度文化的三个方面中，领导体制影响着组织结构的设置，制约着组织管理的各个方面，是组织制度文化的基础；组织的组织机构除受领导体制的影响外，还受到组织环境、组织目标、组织技术力量及组织员工的思想文化素质等因素的影响，组织结构形式的选择必须有利于组织目标的实现；组织的管理制度是组织领导体制的细化和体现，是实现组织目标的有力措施和保障。

3 图书馆的制度文化建设

3.1 领导体制

图书馆隶属于中国地质调查局，是中央直属的全民所有制事业单位，这就决定了图书馆的领导体制要受到国家对事业单位总体改革思路和进程的影响。

《中国地质图书馆工作规则》规定：图书馆实行馆长负责制，副馆长按照分工负责分管工作，各处室在各自业务范围内行使职权、承担责任；图书馆工作部署、中长期规划、年度计划、预决算、重大科研项目计划、基本建设规划与投资、规章制度颁布和队伍建设等重大问题，应充分征求广大职工意见，由馆务会或馆长办公会讨论决定。《中共中国地质图书馆委员会工作暂行规定》明确：图书馆实行行政领导人负责制，党委发挥政治核心作用；党委对干部人事制度及干部任免重大问题进行讨论和作出决定，对单位改革、发展与稳定同行政班子共同负责，同时保证行政领导人充分行使职权；党委实行集体领导和委员职责分工负责制，党委书记主持党委工作，是党委工作的第一责任人。

这两个有关管理体制的文件充分说明，图书馆实行按照层级管理的首长负责制，各种重大事项的决定要在广泛征求群众意见并经充分讨论的基础上由各级行政领导定夺，日常具体事务由各级行政负责人决定。与此同时，按照党管干部原则，涉及图书馆中层干部的任免，以及图书馆干部人事制度改革等方面的事项，必须提请馆党委集体作出决定，涉及图书馆改革、发展与稳定的事项，必须有馆党委的参与。这充分反映了图书馆"民主集中制"的领导原则，体现了图书馆"分层分级管理、职工积极参与、领导敢于负责"的领导文化，同时也体现了"党管干部"这个全民所有制事业单位必须遵行的领导体制特征。

3.2 组织机构

按照中国地质调查局批准的"三定方案"，图书馆内设办公室、党委办公室、人事教育处、财务资产处和科技外事处等五个管理处室，设采编室、文献数据室、文献服务室、咨询服务室、信息技术室、文献情报室、地学文化室、综合研究室、地调成果室和期刊编辑室等十个业务处室，此外还设置了一个后勤服务中心。在各个处室内部再根据不同的工作内容设置不同的岗位。这种直线制（馆长、副馆长、处室负责人、处室副职、处室职工）与职能制（按业务分部门）相结合的直线职能制组织结构，反映出了图书馆"既保持统一指挥，又发挥参谋人员的作用；既追求分工合作，又明确各自责任"的管理风格和文化，同时也反映出了图书馆作为全民所有制事业单位的组织稳定性。

从业务部门的设置来看，图书馆在坚持做好传统服务业务的同时，还致力于开拓数字图书馆的建设、学科馆员服务、地学情报研究、地学文化研究和地调成果管理等新型业务工作，变被动服务为主动上门服务，以适应新时代对图书馆的要求。这反映出了图书馆

"务实、创新、变革、追求卓越"的工作理念。

除正式组织结构外，图书馆还有诸如摄影、绘画、舞蹈、瑜伽、羽毛球等各类兴趣小组。对于这些非正式组织，图书馆一直予以大力支持。这种非正式组织的存在，一方面反映了图书馆职工积极健康的精神风貌；另一方面也反映了图书馆"以人为本，关心职工业余文化生活"的和谐文化内涵。

3.3 管理制度

图书馆历来重视管理制度建设，截至 2014 年 8 月，共有政务类、人事管理类、财务资产类、科技业务类、党群类、保密安全类等现行有效的管理制度共 70 多份，每项制度都反映着一定的文化内涵，现就其中部分具有代表性的管理制度分析如下：

（1）中国地质图书馆公务接待暂行管理办法》对公务接待范围、审批程序、费用标准和陪同人员等都作了严格规定，凡接待来访公务人员，必须有公务函，填写《公务接待审批表》，由分管领导审批；工作餐标准不得超过 150 元/人，陪同人员不得超过接待对象的三分之一，不得提供香烟和高档酒水。这些规定反映了图书馆"坚定践行党的群众路线，反对奢靡主义和享乐主义，奉行勤俭节约"的精神文化，也是"三光荣"、"四特别"传统的必然要求。这种精神文化在会议管理、培训费管理、差旅费管理、低值易耗品管理等规章制度中也都有体现。

（2）《中国地质图书馆党委关于加强人才队伍建设的意见》是一份以馆党委名义下发的文件，体现了党管人才的原则。《意见》明确了图书馆人才队伍建设的指导思想和目标任务，对图书馆的用人机制、人才工作机制、人才选拔任用机制、人才考评机制和人才激励机制提出了指导性意见，并指明了各种有利于人才队伍建设应采取的措施。这充分说明了图书馆对人才工作的重视，反映了图书馆"尊重知识、尊重人才、鼓励创新"的文化氛围。

《意见》指出，图书馆应探索灵活多样的用人机制以解决人才短缺问题，并充分利用外脑开展各项工作，这体现了"开放、包容"的人才观；应创新性地研究制定适合图书馆的中层干部选拔任用制度，加大竞争性选拔力度，推行公开招聘和竞聘上岗，完善专业技术人员岗位遴选制度，这体现了"公平、竞争、择优"的人才选拔文化和"赛马"精神；在考核激励机制方面，应将考核结果与激励机制相结合，在将薪酬向能力和贡献大者倾斜的同时，还要在荣誉制度、职工生活、业余文化等方面采取措施，以满足职工多元化需求，这体现了"鼓励贡献、能者多得"的分配思想。图书馆在选人用人和考核激励方面的理念，在人事管理规定、青年英才评选、项目负责人遴选、绩效工资发放、干部选拔任用、论文奖励等方面规章制度中均有不同程度的体现。

（3）《中国地质图书馆读者服务公约》明确规定，读者服务工作是图书馆各项工作的出发点和归宿，并对工作人员的服务态度、言行举止、穿着打扮和劳动纪律等事项进行了详细的规定，这充分体现了图书馆"读者至上"的服务理念。这种理念在自习室管理、读者服务管理、文献服务业务工作管理、学科服务管理、远程访问管理和科技查新管理等规章制度中均有涉及。

（4）《中国地质图书馆党风廉政建设实施办法》对领导干部和工作人员在岗位工作和公务活动中应该遵守的工作程序和办事规则，以及某些关键岗位工作人员的禁止性行为进行了详细的规定，并明确了党风廉政建设责任主体和责任内容，建立了监督检查、廉政考核和责任追究机制，这充分体现了图书馆"崇尚清正廉洁、抵制腐化堕落"廉政文化精神。除此制度外，这种廉政精神也能在党员谈话提醒、纪检监察工作程序、纪委工作规定、基建工作廉洁自律规定等制度上找到。

（5）《中国地质图书馆职工代表大会条例》明确了职工代表产生办法、人数、权利和义务，并规定凡涉及图书馆重大利益及职工切身利益事项，以及涉及工资分配、劳动保护、职工奖惩等方面规章制度的，必须经过职工代表大会讨论通过。这项制度表明，图书馆职工对图书馆重大事项有参与权和决策权。这一方面体现了职工当家做主的"主人翁精神"文化，另一方面也体现了图书馆尊重职工意见的"民主"文化。体现这种文化的，还有领导干部密切联系群众、工会工作、党政与工会联席会议、女职工委员会工作等方面的规定和办法。

4　结语

图书馆创立于 1916 年，至今已有近百年的历史，在长期的工作实践中，积累了较为深厚的文化底蕴，形成了以"有馆尤贵有书、有书尤贵有用"为核心理念，以"事业立馆、业务兴馆、文化强馆"为途径，以"打造学习型、服务型、创新型和人文型专业数字图书馆"为目标的独特组织文化。同时，作为地质行业的文化事业单位，图书馆在注重自身文化建设的同时，还致力于地质行业文化的研究和传承，继承和发扬"三光荣"（"以献身地质事业为荣、以找矿立功为荣、以艰苦奋斗为荣"）、"四特别"（"特别能吃苦、特别能战斗、特别能奉献、特别能忍耐"）的优秀文化传统，吸收和借鉴地质行业按照新的时代要求和个性化发展需要所形成的各具特色的文化，将行业文化的精髓融入到图书馆文化之中。图书馆的各项规章制度正是以核心理念为纲领，以总体目标为方向，按照不同类别制度反映不同侧面文化的要求制定的。分析图书馆的制度建设情况，就能了解图书馆奉行的文化精神内涵。

参 考 文 献

[1] 李政. 企业文化构成要素研究综述 [J]. 企业导报, 2011 (5): 196~197
[2] 高秀英. 对企业制度文化建设的思考 [J]. 北方经济, 2011 (11): 45~46

试论如何构建地质调查系统
党员领导干部密切联系群众长效机制

陈 杰

（中国地质图书馆 北京 100083）

摘 要 探索构建地质调查系统党员领导干部密切联系群众长效机制，并提高长效机制建设科学化水平，让党员领导干部能深入到群众中去，密切联系群众、服务群众、替群众解忧、做好事、办实事，真正把党的群众路线落到实处，最大限度地维护群众的利益。这对发扬我党的优良传统，密切地质调查系统党群干群关系，具有十分重要的现实意义。

关键词 地质调查系统 党员领导干部 密切联系群众 机制

在新形势下，地质调查系统党的工作面临许多新情况、新问题，肩负的任务更加艰巨繁重，落实党的群众路线也将更加复杂困难。群众路线落实得好，能有效遏制或防止"四风"问题（即形式主义、官僚主义、享乐主义和奢靡之风）的产生，党的"四自能力"（即自我净化、自我完善、自我革新、自我提高）就能得到加强，党的事业就能稳步推进。近年来，尽管地质调查系统各级党组织都制定了一系列党员领导干部联系群众的制度，但这方面的问题或多或少存在。究其原因，关键在于这些制度的落实缺乏科学有效的运行机制作保障。因此，当前不仅要从全局的高度来提高对新形势下落实党的群众路线重要性的认识，而且还要努力探索构建党员领导干部密切联系群众的科学务实的长效机制，确保党员领导干部联系群众的各项制度措施落到实处，这对在地质调查系统巩固和拓展党的群众路线教育实践活动成果，具有重要的现实意义。

如何构建地质调查系统党员领导干部密切联系群众长效机制，可将其思路概括为"一、二、三、四、五"。"一"就是要找准一个切入点；"二"就是要突出两个特点，即可操作性和实效性；"三"就是要建立三项保障制度；"四"就是推进四大机制建设；"五"就是建立党员干部直接联系群众的五项措施。

1 找准构建党员领导干部密切联系群众机制的切入点

构建党员领导干部密切联系群众机制的关键，就是要把"促进党员领导干部本着为民服务的根本宗旨，认真做好本职工作，切实提高服务职工群众的能力和水平"作为切入点。作为地质调查系统的党员领导干部，立足岗位，扎扎实实做好本职工作的过程，其实就是密切联系职工群众的过程。做不好本职工作就是对职工群众根本利益的最大损害，如果连本职工作都做不好，那么，党员干部热热闹闹的"联系群众"的活动除了本末倒置外，并无任何实际意义。因此，地质调查系统的党员领导干部都要把广大职工群众的根本利益作为工作的出发点和落脚点，切实履行好自己的职责，干好本职工作。这既是我们党的宗旨，也是我们工作的初衷，更是地质调查系统党员领导干部密切联系群众的本质要求。为此，地质调查系统中的党员领导干部必须做到心里想着职工群众，感情上贴近职工群众，利益上维护职工群众，工作时服务职工群众。特别要从职工群众最盼望的事做起，最抱怨的事改起，最难的事抓起，认真履行职责，热心做好服务，争取以优质、高效、便捷的工作质量赢得职工群众的支持。以出色的履职能力树立好党员领导干部的良好形象，在群众与党组织之间架起"连心桥"，这样就会达到党密切联系群众的根本目的。

2 突出党员领导干部密切联系群众机制的可操作性和实效性

建立便利、有效、约束力强的党员领导干部密切联系群众机制。要有针对性，突出可操作性和实效性。切实把密切联系群众机制落到实处。

一是突出可操作性。普遍来看，党员领导干部联系群众制度有的效果不佳的主要原因，在于这种联系没有目标引导、没有载体依托、没有措施保障、没有考核激励，一些具体的制度可操作性不强，使联系群众的行为趋于虚化。改变这种状况，重构党员领导干部联系群众的机制，使之具备较强的可操作性就显得尤为紧迫和必要。为此，地质调查系统应结合地质行业的鲜明特点，根据不同部门、不同单位、不同岗位的性质和职责，确定党员领导干部联系群众的具体目标和绩效考核办法，按照各自不同的特点，党员领导干部可以选择个性化的方法和载体开展联系群众的活动，除时间上保障外，应建立联系群众效果的评价机制。要定期对党员领导干部在联系群众中解决职责范围内群众最关心、最迫切需要解决问题的效果，进行群众满意度评价。对考评中查摆出来的问题要求其限期整改，考评结果作为党员干部岗位调整和职级升降的依据。通过这些工作环节可以确保党员领导干部联系群众不走过场。

二是突出实效性。将地质调查系统在改革和发展中形成的加强与群众密切联系的经验做法制度化、规范化；把开展教育实践活动中深入基层、深入群众的做法制度化、规范化；把发展民主、强化监督的成功探索制度化、规范化，逐步形成一套可操作性较强和管用实用的制度体系。促进将已有的党员领导干部联系群众的各项制度落到实处，克服当前党员领导干部联系群众方面存在的各种不良现象，真正使党员领导干部的联系群众制度起到帮助群众解决问题、促进党员领导干部做好本职工作、增强党群干群关系的作用。

3 建立起构建党员领导干部密切联系群众机制的保障制度

习近平总书记强调，要以党的群众路线教育实践活动为契机，"制定新的制度，完善已有的制度，废止不适用的制度"。要保证地质调查系统党员领导干部密切联系群众机制的高效有序运转，应根据自身工作性质、特点，建立一套严格的管用的制度，保障机制有效。

一要建立考评制度。地质调查系统党员领导干部联系群众的质量和效果，必须通过切实可行的考评体系才能检测出来。这一考评体系内容应涵盖党员领导干部联系群众工作的始终。考评体系应结合地质调查工作特点，主要包括：制定切实可行的联系群众计划情况；主动深入群众进行调查研究，掌握涉及自己工作的群众需求信息情况；群众的意见、建议落实整改情况；联系群众工作对做好本职工作的促进程度如何；对联系群众工作中存在的问题的整改情况；群众的满意程度等各个方面。考评可采取组织考核与群众评议相结合的方式进行，考评结果应在适当的范围内进行公示，群众有异议的，要采取约谈等相应措施，确保考评结果的客观公正，使之真正起到促进工作的作用。

二要建立激励制度。如果群众的态度和评价对党员领导干部的职级晋升无关紧要，那么工作业绩的着眼点就难以真正把群众放在心上，就没有密切联系群众的内在驱动力。理论上说，党的干部对上级党组织负责同对下级群众负责是一致的，地质调查系统党员领导干部也不例外，必须把对上负责与对下负责结合起来。但如果群众没有发言权，难免会使"对下负责"仅仅成为道义上的抽象要求，从而也就有可能使党员干部采取只对上负责、不对下负责的价值取向，进而滋生脱离群众、脱离实际的不良作风，党员领导干部即使迫不得已"密切"联系一下群众，也不过是为了取悦上级领导而做的表面文章。为了克服这种现象，必须将地质调查系统党员领导干部结合本职工作联系群众的质量和效果，作为其职级升降的重要衡量指标，"联系群众"质量和效果好，就有可能获得提拔任用的机会；如果在联系群众工作方面，不能沉下身、静下心，只搞形式没有实效，工作业绩群众普遍不满意，就不能升迁甚至降职降级。与地调工作紧密结合，体现工作特点，完善的激励制度能使党员领导干部产生密切联系群众的强大动力，也能使其面临前所未有的无形压力。这样，党员领导干部就会由花心思搞形式转为在取得实效上动脑筋、下功夫，"联系群众"就会形成党员领导干部乐意、群众欢迎的良性互动局面。

三要建立监督制度。党员领导干部高高在上，脱离群众，搞形式主义、官僚主义，群众感触最深，也最为痛心。因此，在地质调查系统党员领导干部联系群众工作的监督上，群众的作用不可忽视。通过扩大群众的知情权、参与权和选择权，推行"阳光操作"，让群众做到心中有数，充分调动起群众的参与热情，让群众对党员领导干部联系群众的状况做出评议，并且在党员领导干部的考核任用上认真参考群众的评议意见，那些把联系群众当作在捞取政治资本的党员领导干部，那些严重脱离群众的党员领导干部就没有立足之地、藏身之所，通过表面联系群众博取功名的思想就不会有市场。

4 重点推进党员干部密切联系群众的四大机制建设

习近平总书记在党的群众路线教育实践活动工作会议上的讲话中强调，"建立健全促进党员、干部坚持为民务实清廉的长效机制"。地质调查系统构建党员领导干部践行党的群众路线密切联系群众的长效机制，是开展教育实践活动的重要目的，也是检验活动是否取得实效的重要标准。在新的历史条件下，构建地质调查系统党员领导干部密切联系群众的长效机制应从以下几点着手：

一是健全职工群众利益表达机制。党群关系的核心问题在于职工群众利益问题，建立地质调查系统有效的利益表达机制成为当务之急。建立健全公平、开放、多向度的利益表达机制，使职工群众有说话、反映问题的地方，有敢说话的制度保障，有愿意反映问题的措施，确保职工群众"知无不言、言无不尽"。第一，要强化利益表达的主体意识。有了主体意识，职工群众才会对自己的利益要求有比较清醒的认识，才能自觉地、主动地、理性地提出合理化意见。增强主体意识，就是要营造浓厚的利益表达文化氛围，教育引导职工群众树立正确的权利观念以及通过利益表达来维护自己正当利益的信心和能力。第二，要保障职工群众平等的利益表达权。照顾并帮助弱势人员在实际上的存在的不平等。第三，要进一步疏通合理化的利益表达渠道。既要充分发挥管理、人事、监察审计等部门作用，又要发挥好工、青、妇群众组织的作用。要深入了解情况，接受职工群众咨询，及时听取职工群众的意见、建议和批评，以确保职工群众话有处说、苦有处诉、难有处解、事有处办。第四，要建立合情合理合法的利益表达方式。当前，仍然存在职工群众利益表达不理性的现象，这就需要引导职工群众以理性化的方式表达自己的利益诉求。

二是健全职工群众利益维护机制。健全地质调查系统职工群众权益维护机制，正确反映和兼顾不同方面职工群众的利益。逐步建立以公正的利益分配、有效的利益调控、畅通的利益诉求表达、有力的利益约束、合理的利益补偿为重点的利益协调机制，引导职工群众以理性合法的形式表达利益诉求。既要通过好的机制使职工群众的利益维护规范化、制度化，又要通过完善政策，引导和约束等方法协调利益问题，以此作为整合化解矛盾的治本之策。

三是健全科学民主的决策机制。践行党的群众路线，把群众路线的理念和方法落到实处，就必须建立健全科学民主的决策机制，使单位的每一项决策都能满足大多数职工群众的利益要求。单位的决策必须适应新形势下的要求，积极采用民主科学的决策机制，实现好维护好发展好广大职工群众的根本利益，从源头上减少甚至杜绝由于决策失误导致的内部矛盾的发生。决策的民主化要求地质调查系统各级党组织和领导干部在决策中发扬民主作风，深入了解情况、充分反映职工群众的意见建议、广泛集中群众智慧，始终保障群众的民主参与权利得到实现。科学决策的过程也是发挥民主的过程，也就是群众路线的实践过程。

四是完善领导干部联系群众评价机制。提高新形势下践行党的群众路线的实效，必须建立科学有效的领导干部贯彻群众路线的评价机制，做好新形势下的群众工作。科学有效的贯彻对领导干部群众路线的评价机制，能够使地质调查系统各级党组织和领导干部的思想、行为受到严格的约束和规范，提高做好群众工作、贯彻群众路线的责任感和使命感，从而推动群众工作的长效发展。建立健全领导干部的评价机制，必须确保评价的科学性、系统性和可行性，增强执行情况评价的准确性和公正性。具体说来，首先，区分评价的层次，主要包括对整个地质调查系统各级党组织、领导干部、党员的群众工作质量和能力的评价。其次，要制定评价的原则和标准。第三，方式方法要创新。例如运用专业的调查方法，进行定量和定性的研究；由党组织收集群众关注的问题，形成若干办实事、办好事的承诺；群众工作评价还可以用问卷调查、网站公示、民意调研等方式，有条件的还可以进行网络评议。第四，要科学运用评价结果。准确科学地贯彻群众路线的评价的最终目的，是为了使地质调查各级党组织和领导干部更好地推进群众工作、贯彻群众路线。因此，要把评价的结果科学有效地运用到群众工作的全过程。要在适当范围内公开评价结果，充分发挥评价机制对党员领导干部的激励和鞭策作用。

5 建立起党员领导干部直接联系群众的有效措施

构建地质调查系统党员领导干部密切联系群众的长效机制，不能忽视发挥党员领导干部直接联系群众的有效作用。要建立起直接联系群众有效管用的具体措施。

一是制定调查研究措施。调查研究是我们党的一大传统优势和做法，每年年初，地质调查系统党员领导干部要根据全年工作安排，针对迫切需要解决的重大问题和值得关注的新情况，提出调研课题，每年至少1～2次深入部门（处室）、下属单位、项目组和工作科研一线开展调研，每次调研时间不少于2天，完成1～2篇有内容、有分析、有见解的调研报告。

二是设立领导接待日。定期开展领导接待日活动，也可根据地质调查不同单位的特点和工作需要临时安排，具体由单位或部门（处室）领导负责接待职工群众，充分发扬民主，虚心听取职工群众的意见和建议。接待过程中相应工作人员做好记录，提出分析、处理的意见建议，协调和督办反映的问题和事项，并向来访人员反馈处理结果。

三是建立"民主恳谈日"。坚持定期组织民主恳谈，围绕地质调查系统各单位推进科学发展拟出台的重要政策、改革举措，特别是涉及职工群众切身利益方面的政策措施，组织党员群众代表、民主党派人士代表、工青妇和退休职工代表等方面人士，进行民主恳谈，广泛征求意见。

四是做好群众来信来访工作。根据中央出台的《关于创新群众工作方法解决信访突出问题的意见》，结合地质调查工作和单位实际，制定具体的实施意见，切实解决群众提出的实际问题，对能解决的尽快解决，不能解决的及时向有关方面反映，并向群众做好解释工作，热情接待来访，及时处理来信，做到件件有落实，事事有交待。

五是开展定期走访慰问。党员领导干部要深入一线职工群众走访慰问，开展问计问需问作风"三问"活动，围绕"三问"内容，到平时关心职工群众不够、接触职工群众不多的地方走访了解情况，进行慰问，以多种方式倾听群众意见建议，加强对弱势群体的关心照顾。

密切联系群众是我们党执政的基础和力量的源泉，是地质调查系统党员领导干部工作的出发点和本质要求。如果长期脱离群众，就会挫伤职工群众的积极性，损害党的形象，也是推进地质调查事业改革发展的大敌。建立起地质调查系统党员领导干部密切联系群众的有效机制，把党的群众路线坚持好、发扬好，就能够保证党联系群众的各项制度在整个地质调查系统落到实处，就有利于保持广大党员领导干部同人民群众的血肉联系，巩固党的执政基础，不断提高党的执政能力和水平。

参 考 文 献

[1] 习近平. 要主动调研群众最盼最急最忧最愁的问题［N］. 学习时报，2011－11－21（1）
[2] 郭波. 新形势下领导干部密切联系群众问题研究［J］. 长江师范学院学报，2011（1）：77～84.
[3] 王士龙. 党的基层群众工作建设新思路［J］. 贵阳市委党校学报，2013（4）：14～16.

打造百年地矿须先进文化支撑

李国宏　　汤晓玲

（山东省地勘局　　济南　250013）

摘　要　文化从哪里来？由人化文；文化向何处去？以文化人。事业因文化而繁荣，唯有文化的力量才能确保伟大事业生生不息！打造百年地矿，必须要有先进文化支撑。地矿文化是实现可持续发展的必要条件。文化是一种客观存在，有文化，不一定能做大做强，没先进文化支撑，必不会实现可持续发展。文化建设是一个长期的过程，坚持问题导向，坚持减法原则。推动工作常常从抓思想意识入手。文化在阶段上常表现为"一把手"的文化。文化要坚持传承与创新，纠正文化实践中的误区。

一个单位的生存发展，要高度重视品牌、声誉、文化的打造、维护和传播，学会控制和化解企业声誉风险，通过良好的声誉，影响外部环境，改变社会舆论的评判，形成消费者的偏好，营造良好的企业生态，运用无形资产（而不是靠耗费资源）和软实力去创造价值，为实现可持续发展插上文化的翅膀。

关键词　地矿文化　建设

文化从哪里来？由人化文；文化向何处去？以文化人。五年企业抓机会，十年企业看老板，百年企业靠什么？小单位靠个人，中等单位靠制度，大单位靠什么？短期发展靠机会、能人、信息、资本、产业升级、模式创新……长远发展靠什么？世界五百强的存亡、百年老店的兴衰启示我们，事业因文化而繁荣，唯有文化的力量才能确保伟大的事业生生不息！打造百年地矿，必须要有先进文化的支撑。通过研修班学习，结合地矿文化建设，谈几点思考。

1　地矿文化是实现可持续发展的必要条件

地矿文化的核心作用是帮助职工实现由"社会人"向"地矿人"的转变，培育高效能的团队，实现价值共守、精神共通、情感共流和命运共担。文化管理是管理的另一只看不见的手，是"人心"管理和"价值"领导。文化为病态或不健康，就会像魔鬼一样蚕食着组织的灵魂。地矿文化提升整体素质，市场竞争的背后是企业整体素质的较量，文化可以有效提升全体员工的思想道德、科技文化等综合素质。地矿文化提升经营业绩，文化是组织前进的灯塔，是战略的有效保障和执行媒介，是制度管理的补充和延伸，是对成员的有效激励手段，是创造力的源泉和变革的基础，是对资本扩张的一种理性约束，是员工与企业的一种心理契约，构建它的目的就是解决人心问题，提高绩效。地矿文化提升地矿形象，在经济型社会向文化型、生态型社会过渡进程中，只有让社会大众感受到单位魅力文化，才能真正建立起持久的信赖感、建立良好的公众形象、形成社会美誉度，才能更有效地占有市场。地矿文化提升核心竞争力，市场竞争已走向更高层次的文化竞争，核心竞争力"偷不走，买不来，学不会，拆不开"。毛泽东之所以战无不胜让世界敬仰，是因为他有"毛泽东思想"，孙中山之所以称为中国民主革命先驱，是因为他有"三民主义"。文化是组织的灵魂，是向心力和凝聚力的源泉。组织成员需要通过营造和参与组织文化，寻找精神家园和价值支点。崇高的使命造就伟大的心灵，美好的愿景产生澎湃的激情，共同的价值观引导职工朝同一个目标努力追随，上下同欲，步调一致。看似没有管理的管理，必将产生自我管理、自我约束、自我发展的内在引导力，形成强大的团队凝聚力，激发旺盛活力、创造力、战斗力，形成高效的生产力。只有建设优秀的组织文化，才能内强素质，外树形象，凝心聚力，赢得市场。缺乏深厚文化底蕴和现代文化支撑，不会实现持续发展。

2　厘清几个工作常用且易混淆的概念

我们处在国家社会的大环境下，又囿于山东地矿这个组织架构中。地矿文化与宏观文化、精神文明建设、思想政治建设经常同时使用，互为载体和手段，四者关系密切。精神文明建设对应物质文明建设，属哲学和社会范畴，侧重于思想道德和科学文化建设。宏观文化对应经济、政治、社会、生态而言，微观文化对应企事业组织而言，组织（地矿）文化根植于宏观文化之中，又独具组织的群体基因、历史积淀和鲜明个性。组织文化是市场经济条件下的经营管理文化，20世纪80年代美日企业较量中产生，其理论来源于团体行为和组织行为理论，是管理理论发展的第四个里程碑。思想政治建设与文化建设都是做人的工作，基本点都是以人为本，思想政治建设是党建五大建设重要组成部分，是党的优良传统；既是党建内容，也是党建工作方法。组织文化建设是经营管理理论在组织中的运用，是人心管理和价值领导。组织文化要在宏观政治思想文化背景下展开，是思想政治建设的有效载体，组织文化建设要借鉴思想政治工作的方法。

3　文化管理、战略管理与制度管理的关系

战略、制度、文化，在企事业发展中表现为根本性、相关性和一致性。文化是源泉，影响着战略定位、制度的落实。战略是对全局和长远的谋划。战略决定方向，战略的关键在于定位。战略解决的是做正确的事，战略是宏观与微观之间的桥梁。组织文化服从于战略，战略决定了组织的使命和愿景，随着战略的改变，文化需要变革、提升和优化。组织文化影响战略抉择和风格，采取进取型、稳健型还是其他类型的发展战略。

制度与文化在国家层面表现为依法治国和以德治国。在微观组织中，制度管理是束身工程，文化是塑心工程。人管人，属于过程管理、经验管理；制度管人，属于目标管理；文化管人，属于人心管理。制度管理是企业走向现代化的基础，对企业发展起着决定性不可或缺的作用。制度是在管理需要中形成的，有效性取决于文化。美国、欧洲、亚洲等地的发达国家，有各自的制度优势，由于文化的差异，又有不可嫁接性。制度执行需要有文

化的土壤，美国的三权分立，欧洲却不采用。足球职业化在西方执行很好，移植到我们国家却腐败丛生，球队将为亚洲二流。制度管理具有滞后性，西方的许多制度制定，都是约定俗成、达成共识，再固化下来。共识的过程也是意识统一和文化养成的过程。

制度管理是硬管理，文化管理是软管理，制度可以通过刚性规定，把组织成员管理在一个有边界的范围内，但管不了他们的思想，文化管理可以理顺内心，价值引导使他们同向。正如一位管理学家所言，"你能用钱买到一个人的时间，买到一个人的劳动，但买不到主动，买不到一个人对事业的奉献"，而这一切都可以从文化管理取得。因此，文化管理可以补充延伸制度管理无法做到的，如一杯水填充刚性管理无法做到的部分。制度管理需要诸多管理人员和管理流程，执行制度也常遇到来自员工和领导层的阻力甚至破坏，文化管理可以有效降低制度执行成本和推行难度。同时，文化建设首先要建设能执行制度的文化，靠制度保障文化中精神层面的推广传播和固化。

4 品牌、声誉与组织文化的关系

品牌、声誉与文化构成了组织的软实力。文化对于产品而言就是要打造品牌，对员工而言就是提升素质，对整体而言就是要营造良好长久的声誉。文化是源泉，决定了品牌的力量，声誉的传播。

品牌，是产品加入概念、理念、精神、文化的要素，品牌的背后是文化。品牌是企业经过包装向外部推出最优秀、最闪亮的突出特色的东西，是商标等方方面面推介展示自己的手段。通过提升形象，营造更好的外部环境和市场。比如我们山东的海尔冰箱、青岛啤酒。

声誉，是政府、投资人、合作方、客户等外部相关体对企业、产品的综合性反馈，总体的、历史性评判，既有理性的判断、情感的投入，也有意志力的维系。是构建美誉度、公信力、影响力、竞争优势等软实力重要指标。是一个长期积累的过程，一旦形成不容易轻易改变。声誉在竞争环境下，体现了综合实力的强弱；在买方市场中，体现了公信力的高低；在信息社会里，体现了美誉度的好坏。"德国制造"，"好客山东人"都是声誉好的典型体现，是各种圈子准入的一张名片和通行证，是大家心中印象认知的一杆秤。

品牌是主体向外推介和展示的形象，声誉是外部对主体的看法和反馈。品牌的背后是文化，文化是品牌的推力源泉。声誉是文化长期打造的回馈，是文化的外部评价，声誉要通过文化战略去传播。理想的市场化运作中，产品应是等价交换，现实的社会化运作中，融入了政治、社会等诸多因素，表现为非等价交换、关注度经济。东南亚的产品在国际市场上价格低廉，同样的产品，贴上欧美商标，价格一下子就翻了好几倍。苹果产品更是获得了众多"果粉"爱不释手的追随。企业就要通过战略确定想要什么，通过文化打出品牌，获取良好的声誉，获取更多方方面面的资源、信誉和支持，认证、许可和拥戴，赢得更大的战略发展空间。

5 我们要打造一个什么样的地矿文化体系

新加坡把国家当做一个大企业去经营，党是董事会核心层，政府是经理高管层，国家文化就是这个"大企业"的文化。政府愿景：共同努力提供第一流的公共服务，满有能力的、富有创新的、充满前瞻的世界最佳之一，与新加坡的声誉相称。使命：共同塑造新加坡的将来，捍卫我们的独立、主权、安全与繁荣、维护司法平等。核心价值观：国家至上，社会为先；家庭为根，社会为本；关怀扶助，尊重个人；求同存异，协商共识；种族和谐，宗教宽容。在文化层面内聚力量，外树形象，使国家发展充满了活力和创新力。我们国家也是在实现民族伟大复兴的中国梦愿景下，确定举什么旗、走什么路、以什么样的精神状态迈向什么样的目标，属于国家文化的范畴。

作为一个拥有二十多个企事业单位，一万四千名员工的单位，必须有一个统一的文化体系，必须要强化顶层设计。总的要求就是要把握大气、深远、精炼、特色、统一，好用、好记、好传播，吸眼球、易入心、增美誉。

文化是企业长期创造形成的，具有企业鲜明的特色、个性与原创性，不是移来的草坪，是在自己的土壤上，辛勤播种，精心培育的绿地。山东地矿文化体系，无论是采用精神文化、行为文化和形象文化三层架构，还是分解为其他体系，文化内外表现为所想、所做、所听、所看。所想：指精神理念，包括使命、愿景、核心价值观、地矿精神、管理哲学、经营理念、管理理念。所做：指职工行为，"必须做的"交给制度约束，"应该做的"交给文化规范。规范分为领导、中层、基层管理者、员工的行为规范。所听：地矿歌曲、地矿先模、地矿故事等。所看：指 VI 系统，标识、标准字、标准色及各类应用的视觉统一。

6　地矿文化建设的要注意的问题

6.1　文化建设是一个长期的过程

文化是在逐渐积累、丰富、认同中形成的，不需要集中建成完备体系再推行，文化建设过程也是文化的认同和传播过程。毛泽东的军队建设，是一步一步从农民武装锻造成了战无不胜的人民军队；海尔文化也是从不准员工厂区随地大小便开始，伴随着企业成长，逐步发展成了科学体系。单位发展中，战略目标确定后，发现什么"人心"管理问题，就集中解决什么问题，坚持问题导向，坚持减法原则。

6.2　推动工作常常从抓思想意识入手

文化的力量是强大的，我们学的哲学，是物质决定意识，但实践中，常是先在意识上取得突破，再指导实践取得成功。如先有了"农村包围城市"的理论，才有了我党的发展壮大；先有了"实践是检验真理的唯一标准"大讨论，才有了我国全面的改革开放。

6.3　文化在阶段上常表现"一把手"的文化

企业文化是一种管理诉求。一把手及管理团队的顶层设计，扮演着核心角色，展现出他们鲜明的管理个性和时代特征，是他们倡导的价值理念、精气神的集中体现。同时，企业文化随着企业的诞生而存在并相伴始终，延续着历史的基因和团队的特质，须量身定做，两者必须相互融合，内化统一。要避免过度的个性化，否则，容易形成人走茶就凉。

6.4　文化要坚持传承与创新

文化是历史的积淀，是迈向更高层次的阶梯。必须认清传承的重要意义，抛弃就意味着倒退，不了解单位的文化做起事来就事倍功半，这个意义上说，传承重于创新。文化是一个开放的体系，随着战略时代的改变而变革，没有最好，只有更好，必须不断创新、提升、固化、传承。

6.5　纠正文化实践中的误区

文化是文化，管理是管理，形成了两张皮。搞成了形象工程、作秀工程，装点门面。拿来主义，全盘照抄，嫁接欧美日，好看不管用。搞"一言堂"、个人崇拜、愚民化。当成是假日节点搞搞文体活动，把文化庸俗化。文化建成完事大吉，当成摆设。要丰富活动的载体，持续重视文化建设的推广与传播。

由于各种综合因素的影响，事实和大众的看法是不一样的。一个单位的生存发展，要高度重视品牌、声誉、文化的打造、维护和传播，通过良好的声誉，影响外部环境，改变社会舆论的评判，形成消费者的偏好。要学会控制和化解企业声誉风险，要有预案、方法和手段。营造良好的企业生态，运用无形资产和软实力而不是靠耗费资源去创造价值，为打造百年地矿、实现可持续发展插上文化的翅膀。通过地矿文化建设，把山东地矿真正打造成全国领先、国际有影响的领军团队。

加强海洋地质文化建设 促进海洋地质事业发展

王玉清 李 群

(广州海洋地质调查局 广州 510075)

摘 要 组织文化是一种独特的文化管理模式,也是一种凝聚人心、提升组织竞争力的无形力量和资本,是组织可持续发展的基本驱动力。事业单位的稳步发展与基业长青,除了要具备扎实的"硬实力"之外,以组织文化为核心内容的"软实力"也不可或缺。本文结合海洋地质文化现阶段文化建设的具体实际,探索如何建立完善内容更丰富、方法更科学的具有海洋地质行业特色的组织文化,挖掘出更丰富的文化理念和内涵,以培育人才、凝聚人心、营造气氛,促进海洋地质工作人才队伍的建设和海洋地质事业的持续发展。

关键词 事业单位 组织文化 文化建设

新的历史时期,海洋地质事业要保持基业长青,事业不断向前发展,需要对长期工作实践中形成的优秀组织文化进行系统地梳理、总结和提炼,并赋予其新的时代内涵。构筑海洋地质工作者共同认定的宗旨使命、价值观念、职业道德观,来满足职工在精神和心理方面的追求,使职工将成就海洋地质事业和个人价值的实现统一起来,培育、塑造一个以增强事业使命感、团队凝聚力为主要核心的海洋地质文化,是海洋地质事业生存和发展的重要精神支撑。

1 加强海洋地质文化建设是海洋地质事业发展的"助推器"

1.1 文化建设是事业单位事业发展的"软实力"

组织文化作为一个正式概念开始仅指企业文化,是指企业在生产经营发展实践中逐步形成的,为全体员工所广泛认同并自觉遵守的,带有本企业特点的使命、愿景、宗旨、精神、价值观和经营理念,以及这些理念在生产经营实践、管理制度、员工行为方式与企业对外形象中所体现的总和,为人本管理理论的最高层次。随着组织文化研究的发展,组织文化的范围也逐渐扩大到企业以外的其他组织。

事业单位文化通常称为组织文化,是事业单位在长期的事业发展中所形成的独具自身特色的一整套价值观念、发展理念、群体意识和行为规范等理念和规范的总和。

优秀的组织文化具有巨大的魅力,它不仅有很强的凝聚力、激励力、约束力,更有一种纽带作用和辐射作用,可以形成强大的力量,使组织成员热爱组织、忠诚于组织,愿意与组织同舟共济、共同发展，推动组织持续健康发展。同时组织文化的形成过程，也是全方位塑造组织集体作风和组织性格特点、使组织全员提升自我的渐进的积累的过程。

1.2 海洋地质文化是海洋地质事业发展的"灵魂"

海洋地质工作与陆地地质工作相比，更为复杂，且具有极大的风险性和不确定性。其工作具有"高技术性、高探索性、高投入性、高国际性、高合作性"的特点。海洋地质调查工作是一项系统工程，每个不同专业的业务所、每艘调查船甚至每道工序都是这根链条中不可或缺的重要一环。"同舟共济"是对海洋地质调查工作一个最直观的描述。出海调查的科学考察船，是一个由多专业、多部门组成的临时科学考察团队。科考团队的组成不仅有保证船舶航行安全的船舶驾驶等方面的工作人员，还有具体从事海上资料采集的技术方法科技人员以及后期要进行实验测试分析和数据处理解释等不同专业、不同部门的科技人员。海上工作充满着各种不确定因素和风险性。在茫茫的大海上，面对瞬息万变的海况、突如其来的热带风暴、星罗棋布的浅滩暗礁以及在主权争议海区来自他国的武装威胁、重重干扰等所带来的种种风险，如果没有精诚团结、通力合作的团队合作精神，很难完成工作任务。

广州海洋地质调查局作为担负着国家基础性、战略性、公益性与综合性海洋地质调查与研究的公益性事业单位，只有培养造就一支具有强烈事业使命感和工作责任心以及良好团队合作精神的高素质专业人才队伍，才能适应海洋地质调查工作发展的需要。

1.3 重塑海洋地质文化是新时期海洋地质事业发展的迫切要求

广州海洋地质调查局在长期以来的事业发展中积累沉淀了很多具有鲜明行业特色，有利于增强队伍凝聚力、感召力和战斗力的文化理念和精神风貌，这些独特的文化成为驱动其海洋地质事业持续发展的强大动力，对其克服各种艰难险阻，取得事业发展起到了重要的作用。

在50年的奋斗发展历程中，在不同的时代背景下，战胜各种艰难险阻，出色完成各项任务，取得丰硕的成果，其中一个重要原因就是其从开创之初就有着正确的价值观和组织精神引导，从而使队伍锻炼成为了一支吃苦耐劳、团结奋斗、敢打硬仗、具有良好职业道德和行业风貌的地质勘查的"铁军"，并逐步形成了"团结、求实、开拓、奉献"的广海精神以及"热爱祖国、追求真理、开拓创新、无私奉献"的地勘行业精神。

这些文化尽管是自然形成而又"无形"的，却为海洋地质事业发展提供了强大的精神动力、智力支持、思想保证和良好的工作环境。文化如同粘合剂，把职工的个人追求和单位的事业发展紧密结合在一起，使每个职工对组织产生强烈的归属感和成就事业的崇高荣誉感，把全体职工人心凝聚起来，汇集成重大的力量，从而促进了事业发展。

2 海洋地质工作特点对文化建设的特殊要求

2.1 难度高、风险大

海洋地质工作常年与大海打交道，有着它自身的特殊性。与陆地地质工作相比较，海洋地质工作一般野外工作持续时间长、作业区域跨度大、受海况天气影响大。海洋地质工作者以海为家，常年工作、生活在海上。一般每年有大半年的时间出海工作，每次持续时间 1~2 个月甚至最长达到了 6 个月。风浪、涌浪甚至海流都会对工作产生不同程度的影响，因为无论是物探作业还是地质取样作业，对海况都有一定的要求，物探作业资料质量好坏基本上与浪高成反比，地质取样也是如此。而且由于是室外作业，大风浪造成的船舶摇摆颠簸会导致作业难度增大，并出现不安全的因素。

2.2 "靠天吃饭"，不确定因素多

相对于商船而言，科学考察船有其特殊性。一方面，科考船吨位一般都不大，更易受天气、海况影响而稳定性差。另一方面，科学考察船和一般商船不一样，一般商船可以绕开恶劣海况海区继续前进。科考船经常会在某个固定的小区域内长时间作业，任务都在指定区域内，没有什么回旋余地，假如此区域海况恶劣甚至有灾害性天气系统影响，只能暂时离开工区避风，但最终还是要回到指定区域作业，而因天气因素等待的时间由会影响到下一个航次任务的完成。

2.3 工作艰苦、生活单调

科考船空间狭小，堆满了各种船舶设备和调查设备，工作和生活场所狭窄局促，人活动的空间极为有限。24 小时待在船上，只能看见海水和天空，生活枯燥、单调。除了要忍受晕船呕吐、生活枯燥单调等种种不适，海洋地质工作人员还要在艰苦的条件下坚持工作。在海洋地质工作过程中，难以避免地要直接面对风云突变的天气，迎接狂风巨浪的种种考验。海况差时，后甲板的作业人员不得不绑着救生绳工作，经常有涌浪打上工作平台，膝盖以下都泡在海水里，艰辛程度可见一斑。

2.4 工作科技化程度高，要求人员要具备扎实的专业技术能力

海洋科学考察工作主要依靠高精尖的仪器设备和先进的调查手段，科考船上配备大量进口的精密仪器设备。虽然出航前都要经过精心的备航和细致的检修，并准备备件，但仪器设备，甚至船舶设备在海上突然发生故障的情况还是难以避免。而海上作业出航成本昂贵，且任务重、时间紧，不允许耽误时间返航靠岸修理或更换设备。所以要求海上从业人员要具备扎实的专业知识和技能，能自行应对突发的各种设备故障。

2.5 环境特殊，生理、心理压力大

俗话说，"行船跑马三分险"；这个"险"字，充分说明了海洋地质工作艰苦性、危险性的特点。海上工作人员承受的压力是陆地工作人员所难以想象的。变幻多端的海洋天气，突如其来的热带气旋，突然发生故障的设备仪器，以及与陆地隔绝漂泊海上的孤寂感……海况恶劣时，船舶摇摆剧烈，人员连站立、行走都很困难，却还不得不忍住不适坚持工作。科考人员经常是工作台边放一个垃圾袋，一边呕吐，一边坚持工作。海上工作，无论是生活环境还是工作条件，对人的生理和心理都是巨大的挑战。

海洋地质工作的特殊性要求海洋地质工作者不但要具备深厚的专业知识和技能，而且在性格品质上还要不惧危险，英勇无畏，吃得了苦，耐得住单调寂寞，忍受得了特殊环境

下生活和工作条件的艰苦和恶劣。如果没有坚强的意志毅力，没有内心对事业的热爱、执著的追求，很难克服凡此种种困难，长期坚持在海上工作。

因此，在海洋地质文化体系建设中，一方面要保留、吸收原有传统核心价值观中的精华，将组织发展中长期以来形成的"以献身地质事业为荣、以艰苦奋斗为荣、以找矿立功为荣"的优良传统，"特别能吃苦、特别能忍耐、特别能战斗、特别能奉献"等精髓理念秉承并发扬光大，将其根植于新的文化体系中；另一方面，也要与时俱进，赋予其新的内涵，如对人的尊重与理解、单位事业成就与职工个人价值实现的统一等等，融入"人本关怀"、"激励与竞争"等理念，建立起适应新形势要求、具有时代特色的新的组织文化体系。

广州海洋地质调查局属知识技术密集性事业单位，大多数职工属于"知识型"，其特点是：追求自主性、个体化、多样化和创新精神，对自身个人价值实现期望值较高，渴望通过工作上的成就来充分展现个人才智，实现自我价值。自我价值实现，不仅仅体现在经济性收入上，在知识型员工的激励结构中，成就激励和精神激励的比重远远要大于金钱等物质激励。因此，针对这一特点，在海洋地质文化建设中，要特别融入职工个人价值实现、职业生涯发展空间、事业成就等心理和精神上的需求这些因素，让职工获得工作事业上的成就满足感与精神上的鼓励，这将会更有效地激发职工的工作热情和创造性。

3 海洋地质文化建设的主要内容及措施

组织文化由精神层、制度层、行为层和物质层四个方面的内容共同作用形成。理念是组织文化的核心，是指导一切的思想源泉；制度是理念的延伸，对行为产生直接的规范和约束；物质文化是人的感官能直接触及到的、企业文化最直观的表现形式；而理念、制度以及物质三个层次都要通过行为才能表现和实现。因此，在设计海洋地质文化时要注重四个层次并重，并根据文化现状，有针对性地重点解决目前组织文化中存在的问题。

3.1 精神文化建设

海洋地质文化建设中，应当将处于组织文化核心的精神层面作为重点，将目前组织文化中组织宗旨愿景、使命追求、共享价值观等缺失或没有明确的内容补充完善，并向职工大力宣传，这有利于统一职工的思想和目标。

（1）组织宗旨：使命至上，成果报国。高举地质找矿新机制和"358"目标两面旗帜，针对新时期海洋地质工作的特点，以"国家权益、矿产资源、地质环境"为中心，坚持资源与环境并重，积极开展新能源和后备矿产资源基地的调查与评价，促进海洋地质找矿新突破；提高我国管辖海域的地质调查程度，提高我国海洋地质工作的科技水平；维护国家海洋权益，保护海洋环境，推动地球科学发展。

（2）组织使命：广州海洋地质调查局作为海洋地质调查"野战军"，承担基础性、公益性、综合性地质调查和战略性矿产勘查任务；要加大海洋地质队伍战略性结构调整力度，逐步组建一支人员精干、装备精良的国家海洋地质工作队伍，最终建成具有国际先进水平、国内一流的海洋地质调查研究机构。

（3）核心价值观：牢记神圣使命，勇担历史重任；再续奋斗精神，追求事业成功，实现精彩人生，开创海洋地质事业新高峰。

3.2 制度文化建设

制度文化建设是组织文化建设的重要组成部分。文化需要依靠制度来规范和养成，良好的制度是文化构建的基础。不同的制度状况会产生不同的结果：制度缺失会导致混乱；"有章不循"将陷入虚伪、投机与混乱状态；若制度本身有缺陷，严格执行也无法产生效率；只有当制度本身符合"人性"化，执行有效时，才能对职工进行有效的约束和规范，进而"内化"为职工的自觉行为，激发职工的工作激情和无限潜能。

海洋地质文化在制度层面建设上，尤其在制度制定上，要与组织的核心价值观相一致，将文化理念渗透到各项规章制度中，通过制度的严肃性和强制性来实现其文化价值取向，并通过制度的稳定性与长期性将文化理念在职工心中进行潜移默化与不断内化。同时要更好地落实"以人为本"的管理制度，完善竞争激励机制，为单位的长远发展提供制度层面的保证。

（1）落实"以人为本"的管理制度。在管理制度制定与实施的过程中，应牢固树立以人为本的核心理念，既要强调对职工的规范管理，又要通过各项制度体现出对职工的尊重、理解，以凝聚人心，调动职工的潜能。

① 强化民主管理。出台发展改革相关制度和事关职工切身利益的重大政策前，开展专题调研，充分听取民意。对实施过程中发现不尽如人意的政策措施，及时进行调整和修正。

② 研究制定新进人员、野外一线人员学习培训制度；修订完善职工教育培训办法；充分利用各种培训资源和渠道，聘请同内外知名专家、学者来局授课，选派技术人员出国培训，提高职工的业务水平和综合素质。

③ 针对目前存在的人才断层和学科带头人短缺的问题，要实施人才强局的战略，重视青年职工的成长和成才。举办青年科技论坛，大胆使用青年地质英才，采取积极有效的措施加强对青年人才的培养。

④ 建立健全单位内部各层级立体沟通体系，为职工提供交流、倾诉的平台。可以通过谈心活动、职工代表大会、座谈会、办公自动化系统讨论组等多种方式、多个渠道了解职工的各种意见和建议，给职工提供倾诉的渠道，使其能充分表达在工作生活中遇到的困难。

（2）完善职工激励制度。激励是指管理者遵循人的行为规律，运用多种科学系统、行之有效的方法和手段，尽可能地刺激职工的积极性、创造性和主动性，以保证组织目标的实现。事业单位由于体制问题，现行的激励机制仍然带有计划经济时代的烙印，激励机制先天不足，作用不明显。激励机制除了要考虑经济性的因素，如根据单位的具体特点，制定出公平完善的绩效考核体系，实行绩效工资制度；为职工提供交通车、工作餐、健康体检、疾病保险等福利待遇以外，作为以"知识型"员工为主体的科技单位，还要重点考虑非经济因素的激励，把握好职工深层次的心理需求，进行成就激励、能力激励、环境激励，如给职工提供个人价值实现的机会和平台，给予职工更为人性化的尊重和关怀等等。

① 建立合理的薪酬绩效考核体系。根据海洋地质工作的特点，在设计岗位薪酬制度框架时，应突出海洋一线科技工作者的重要作用，绩效工资向基层一线倾斜，鼓励一线职工克服困难，完成艰巨的任务。对于船员、技工等海上一线工勤类职工，选送参加各类劳

动技能培训，并组织劳动技能竞赛，让海上一线工勤类职工也有机会展现能力、积累经验，通过不断提升自我得到发展与晋升的机会。

② 建立鼓励职工成才的教育培训体系，鼓励职工参加各类深造学习，如学历再教育、出国交流与培训、岗位培训等等。完善与高等院校、科研院所产学研结合的培养平台，拓宽技术人员参加国际合作项目和到国外地质调查机构、研究院所工作学习的培养渠道，全面提升人才队伍综合素质和业务能力。

3.3 行为文化建设

行为文化是精神文化的动态体现。海洋地质文化的行为层面文化是指职工在生产科研及学习娱乐活动中产生的活动文化，涵盖了生产、科研、管理、教育培训、文体活动等各个方面。职工的行为体现了组织文化对职工的影响，也反映出职工对组织价值观的认同。行为文化的建设重在落在实处，只有每一个职工都将展现组织文化的行为文化落实到位，行为文化才能发挥作用。

（1）安全文化的落实。因为海洋地质工作巨大的风险性和不可确定性，海洋地质调查行为文化中应要特别关注安全文化的建设。尽管目前广州海洋地质调查局关于安全的行为文化已经有很多，但仍然不能掉以轻心。如何让每一个职工都真切地意识到安全的重要性，自觉自愿地认真遵守每一项安全规定，严格按安全规定执行每一项操作规程，是当前安全文化建设的重中之重。

（2）团队文化的构建。海洋地质工作多学科、多功能的特点要求在海洋地质文化建设中必须要重视和加强团队文化的建设。海洋地质工作由不同部门、多个专业的人员来共同配合协作才能完成，对部门之间、职工之间的协作要求程度高，团队文化的良好构建对于提高职工的执行力、完成工作任务有着非常重要的作用。因此，要注重发挥团队的整合优势，加强各部门、职工之间的沟通与协作，在团结协作中互相配合、优势互补，取得"1+1＞2"的效果。

（3）文体活动的丰富。文体活动是增强单位活力、凝聚人心、展示形象、营造氛围的一项重要工作，由于其所具有的快乐性和亲和性，普遍受到职工的喜爱，对文化建设有着巨大的推进作用。

在开展文体活动时应充分考虑海上工作的旺季与淡季之分，"见缝插针"地利用工作休整期开展文体活动。每年的1月份至8月份，是海况较好，适宜开展海上资料采集任务的黄金时期，9月至10月则是各室内科研单位出成果的集中攻关期。因此，开展文体活动应根据单位实际情况，因时制宜、因地制宜。采取"见缝插针"、分散集中、"重心下移"的方式，提倡各个基层单位根据自身实际，灵活机动地开展文体活动，以提高职工的参与率。

不断挖掘创新文体活动的内容与形式，充分调动职工参加活动的积极性。坚持以人为本、贴近实际，创新活动方式、丰富活动内容，积极探索开展适合各种年龄、各个季节的假日、旅游、公园、广场等时尚型休闲体育健身活动，不断满足职工的体育健身需求。

积极发挥文体活动的作用，为职工搭建业余文化生活的宽广平台。通过组织各种职工喜闻乐见的、健康有益的、丰富多彩的文体活动，加强职工之间的交流沟通，增进友谊，促进单位和谐氛围的形成。

3.4 物质文化建设

海洋地质文化的物质层面文化，包括基础设施文化、自然人文环境文化等，它是组织文化的外在体现。努力让这些看得见、摸得着的硬件都具备海洋地质工作独特的风格和文化内涵，能从潜移默化中影响干部职工的观念与行为，对干部职工认同组织文化理念直到直接或间接的作用。

（1）建设整洁优美的地勘工作和生活环境。基础设施是进行海洋地质调查与科研的先决条件，要不断改善海洋地质工作者的生活环境，丰富业余文化生活，增强职工的自豪感和归属感；创造良好的工作条件，让职工能够安心工作，全身心地投入到海洋地质调查与科研工作中，促进海洋地质事业持续发展。

（2）组织形象系统展示。将组织的宗旨使命、文化理念、人文环境等抽象的概念转变为看得见、听得到、摸得着的各种具体形象符号等，来体现出本单位的文化理念和精神文化，形成独特的单位形象。比如徽志、歌曲等，为本单位与社会之间架起一座沟通的桥梁。

（3）行业形象的文化传播。海洋地质文化的物质层面建设，还要重视地勘成果宣传和行业形象的文化传播。通过打造综合文化平台，展示海洋地质科学成果，展示海洋地质工作者良好的社会形象，树立积极向上的良好行业形象，让海洋地质走入老百姓的生活之中，让社会了了解、认同海洋地质工作。同时多侧面、多层次展示海洋地质工作者良好形象的行业文化宣传，对海洋地质工作者振奋精神，提高自信心、自尊心、自豪感都起到重要的推动作用。

参 考 文 献

[1] 常江. 举起光荣传统的火把，点旺地质文化的遍地篝火 [EB/OL]. (2011 - 11 - 27) [2014 - 10 - 11] http://zj. gtzyb. com/DaDiYC2/html/2011 - 12/7246. html

[2] 李建军. 企业文化与制度创新 [M]. 北京：清华大学出版社，2004：8～23

[3] 孟宪来，段怡春，张中伟. 用先进文化的力量推动地质事业的发展 [J]. 地质通报，2006 (5)：539～543

[4] 寿嘉华. 我国海洋地质工作发展战略 [J]. 地质通报，2002：2～28

[5] 魏杰. 企业文化塑造：企业生命常青藤 [M]. 北京：中国发展出版社，2002 (12)：41～43

[6] 王利芳. 构建企业文化提升企业竞争力 [J]. 山西建筑，2008 (35)：12～15

社会转型期的地学博物馆文化价值初探

——以中国地质博物馆为例

彭　健

（中国地质博物馆　北京　100034）

摘　要　地质博物馆事业是地球科学文化建设的重要组成部分。在当下社会转型期的大背景下，做好地学博物馆的事，必须深刻认识和正确把握地质博物馆的发展历程，研究地质博物馆的文化价值，推进事业发展，彰显我国节约集约资源、保护自然环境、建设生态文明的价值观，使中华民族的优秀文化基因，与当代文化相适应、与地球科学技术相结合、与资源环境相协调，增强文化自信，为提高国家软实力进行有益探索。

关键词　社会转型期　地学　博物馆　文化　价值

1　博物馆的发展历程

当代研究中国现代科技史的专家学者发现有一个共同而有趣的现象，即考证我国多学科发展的历史脉络，比如地质、石油、土壤、煤炭、地震、田野考古、人类学等学科的创建与研究，皆与兵马司9号和中国地质博物馆有着密不可分的联系。这实质上反映了中国地质博物馆在中国近现代科技史上独特的历史地位。

1.1　工业革命和近代地学发展助推地质博物馆诞生

18世纪的西方工业革命，揭开了世界历史崭新的一页；工业和采矿业的兴起，带动了地质学的发展。1873年，中文版《金石识别》（《矿物学系统》美国丹纳著）和《地学浅释》（《地质学原理》英国莱伊尔著）两部地质学巨著在中国出版，确立了地质学在中国自然科学领域的地位，地质学成为西方近代科学最早传入我国的科学之一。1916年7月14日，在北京丰盛胡同3号，北洋政府农商部地质研究所举行了一场隆重的毕业典礼，我国自己培养的第一批地质学子从这里毕业。学生们用自己采集的899件标本，举办了"学生成绩展览会"。这个陈列展览被长期保留下来，是中国地质博物馆的雏形。由此之后，地质博物馆先后在北京丰盛胡同、重庆北碚、南京珠江路、北京西四立馆，成为中国近100年来唯一没有中断的学术研究机构。

中国地质博物馆依托地质调查所，成为国际公认的著名研究机构和海内外学者交流合作的殿堂。章鸿钊、丁文江、翁文灏、李四光、赵亚曾、安特生、葛里普、谢家荣、杨中健、裴文中、高振西等国内外众多地质先驱和大师，都曾在此工作和学习。这也是中国地质博物馆发展史上的第一个机遇期。

因此，认识和把握地质博物馆早期的发展，我们可以判断，中国地质博物馆是工业革命和近代地学发展在中国的必然产物，实现了"科学启蒙"和"人才培养"两大社会价值，对于中国近代科学乃至历史的发展，起到了不可估量的作用。

同时也要看到，一直到新中国成立前，地质博物馆和二十世纪前后世界上多数博物馆一样，显露了她的局限性：一是依附与有关研究机构所，未能实现真正意义上的独立的社会开放机构；二是主要服务于专业机构和学术人士，未能发挥其社会功能；三是博物馆的藏品来源单一，数量有限，未能形成典藏的科学性和系统性。

1.2 "博物馆现代化运动"对地质博物馆事业的影响

新中国成立伊始，党和国家高度重视地质矿产工作，中国地质博物馆事业也开启了的新篇章。以中国地质博物馆为例，1956 年，国家批准在北京西四新建地质博物馆大楼；1958 年 9 月，博物馆大楼落成，1959 年正式向社会公众开放，成为中国地质博物馆事业发展史上的里程碑。

在建国初期至二十世纪九十年代，"公益"和"典藏"成为这个阶段的地质博物馆追求的主流，体现了同期国际博物馆发展上"博物馆现代化运动"的显著特点：一是不再附属任何一级科学研究机构，成为真正意义上的独立的公益性社会机构；二是实现了标本典藏的飞跃，做到了典藏立馆。目前，中国地质博物馆由建馆初期的展览面积 100 平方米，陈列 899 件标本，发展为建筑面积 11000 平方米，展出面积 7500 平方米，馆藏地质标本 20 万件（套），是亚洲馆藏最丰富的地学博物馆。三是博物馆的社会教育作用功能彰显。据不完全统计，中国地质博物馆在三十年时间内，为全国地质院校、研究机构和中小学，就配送 200 万套地质标本，累计接待参观人数达百万计，博物馆初步发挥了在社会、教育和文化行为中的作用。这与五十至七十年代，世界博物馆强调博物馆工作的基本原则"辅助教育的再创造、藏品的动态展示和对观众的亲和接待"不谋而合。四是进一步加强了政府的主导地位。这是与西方博物馆最为明显的区别，而且这种特点，日益成为我国博物馆的制度优势，为近年来西方国家博物馆的借鉴。

由于众所周知的原因，博物馆与其他行业一样，多年处于非正常状态，一度脱离了博物馆的基本职能和价值取向，在此不作赘述。

1.3 改革开放尤其是 21 世纪地质博物馆事业注入了新动力

改革开放使得我国经济社会的发展和综合国力显著提升，博物馆事业随之蓬勃发展。据不完全统计，目前已达 350 余家，从管理归口上分属于国土资源系统、文化系统、科协系统、教育系统等，广泛分布于全国 32 个省（市、自治区），其中传统地学科普场馆 70 余家（包括政府所属、高校地学博物馆、专题类地质博物馆）、国家地质公园博物馆 218 家、国家矿山公园博物馆 72 家及私人博物馆等。其中展览面积大于 1000 m² 的博物馆有 27 座。以下分析均以这 27 家博物馆为例。

（1）27 家展览面积大于 1000 m² 的地学科普场馆区域分布情况

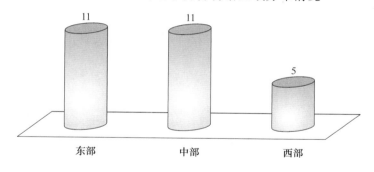

图 1　地学类科普场馆地域分布情况

从区域分布来看，目前全国共有展览面积大于 1000 m² 传统地学类科普场馆 27 家，其中东部地区 11 家，中部地区 11 家，西部地区 5 家。由图 1 可见，我国西部地区传统地学类科普场馆较少，中部和东部地区数量相当。

（2）管理归口情况

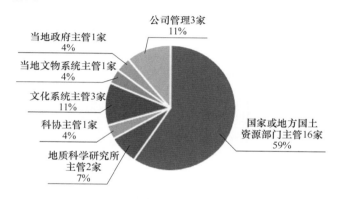

图 2　地学类科普场馆地域分布情况

在这些科普场馆中，属于国家或地方国土资源部门主管的有 16 家，属于地质科学研究所主管的有 2 家，属于科协主管的有 1 家，属于文化系统主管的有 3 家，属于当地文物系统主管的有 1 家，属于当地政府主管的有 1 家，属于公司管理的有 3 家。从归口管理来看，存在主管部门较多，具有不利于统一行动的弊端，但也具有经费来源多样化的潜在优势。

（3）场馆级别

由图 3 可见，全国地学类科普场馆中，共有国家级场馆有 3 家，省部级 10 家，地市级 5 家，县级 5 家，其他 4 家。从分析数据来看，省部级的科普场馆最多，达 37%，而国家级场馆较少。

（4）展览面积

图 4 展示的是传统地学类科普场馆的展览面积情况，其中展览面积 1000 平方米的有 1 家，1000~5000 平方米的有 16 家，5001~10 000 平方米的有 5 家，高于 10 000 平方米的有 5 家。从全国范围来看，1000~5000 平方米的展厅的场馆占主导。

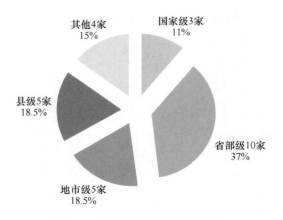

图3 传统地学类科普场馆级别

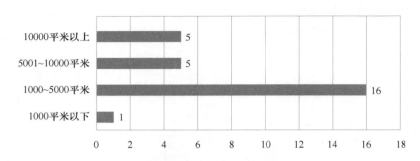

图4 传统地学类科普场馆展览面积情况

（5）三年累计观众接待量及所在城市常住人口

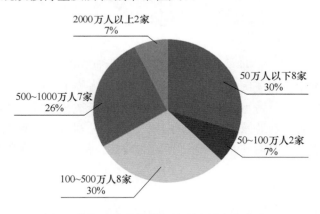

图5 传统地学类科普场馆所在城市常住人口

　　2010年至2012年的三年间，占总数67%的传统地学类科普场馆三年累计观众接待量不足50万人次，其中37%不足10万人次。经过与图5对比可见，观众接待量远远低于社会需求。

　　进入21世纪，全国的地质博物馆建设方兴未艾，发展态势喜人，地质博物馆建设体现出与时俱进的品质，"保障"和"服务"成为了博物馆的最突出的标志。一是更加注重服务经济社会。大力宣传国土资源国情国策，发挥国土资源窗口和主阵地作用；二是更加注重理论的指导。具体体现在办馆理念的提出和实践，如"以人为本，观众至上"、"典藏立馆、科研强馆、科普兴馆"等理念贯穿博物馆近10年的发展；三是更加注重发挥行业领军作用。目前，在全国建设9家中国地质博物馆分馆；承担国土资源部科普基地办公室职能，编制了国土资源科普基地建设系列指南等；

但是，在这一时期，地质博物馆展示教育的重点，更多地、片面的是向公众展示自然资源对经济社会发展的作用、如何利用现有科技手段开发和利用资源和如何保障经济社会的对资源的需求等，而忽视了对人与自然和谐理念的倡导，淡化了对节约资源和保护环境的宣传，忽略了对资源开采所造成的环境破坏的反思等等。这些鲜明的对比，在新的历史时期，尤为凸显。

2 社会转型期的地质博物馆的文化价值

我国进入社会转型期。一方面，改革步入深水区，一方面，大力推进生态文明建设，建设美丽中国，提高国家文化软实力，实现"两个一百年"奋斗目标和中华民族伟大复兴中国梦成为共识。"文化实力和竞争力是国家富强、民族振兴的重要标志。"中国地质博物馆发展面临新任务、新使命。把"尊重自然、崇尚科学、传承文明"作为博物馆的价值追求。

2.1 尊重自然，实现人与自然相得益彰

生态文明是超越工业文明的新型文明境界，体现了新的价值取向。这就是要求全社会进一步树立尊重自然、保护自然的生态文明理念。

我国地域辽阔，资源总量大、种类全，但人均占有量少，禀赋总体不高。在加快推进工业化、城镇化和农业现代化的进程中，如何正确对待资源瓶颈日益凸显与环境保护问题日益突出之间的矛盾，客观地呈现在我们的面前。就要回归到揭示人与自然相得益彰的本质要求上来，尤其要切实体现"优化国土空间开发格局，全面促进资源节约，加大自然生态系统和环境保护力度，加强生态文明建设加强生态文明教育，增强全民节约意识、环保意识、生态意识，形成合理消费的社会风尚，营造爱护环境的良好风气"的要求。博物馆要在办馆理念、展示内容、展示形式、社会效益等方面全面创新，从而为珍惜地球资源、转变发展方式、推动科学发展、建设生态文明等方面作出新贡献。

2.2 崇尚科学，传播地球科学文化正能量

十八大报告明确提出要"加强重大文化工程和文化项目建设，完善公共文化服务体系，提高服务效能"。"文化+科技"已成为当前文化建设和科技创新的一大亮点。中国地质博物馆建设既是社会主义文化建设的重要组成部分，又是社会公众学习国土资源国情国策，学习地球科学的知识殿堂。要注重地球科学与文化的天然结合，要注重发挥科技创新作为文化发展的重要引擎的功能，要注重发挥文化和科技相互促进的

作用，深入实施科技带动战略；为建设国土资源文化，传播文化正能量，提高国家文化软实力做出贡献。

2.3 传承文明，打造地学科普教育新模式

2012 年，国土资源部明确了地质博物馆新"三定方案"，赋予地质博物馆对全国地质博物馆建设的指导和服务职能。中国地质博物馆要以落实《国土资源"十二五"科学技术普及行动纲要》为主线，以加强国土资源科普能力建设为重点，以建设国家科普示范基地为目标，不断推出科普活动精品，进一步发挥行业领军作用，在中国地质博物馆成立 100 周年之际，把地质博物馆建设成为国家科普示范基地。要充分履行国土资源科普基地管理办公室、科普专业委员会职能，形成各分馆、科普基地、会员单位科普资源共享多赢的局面。促进重大科普活动规模化、地方科普活动特色化；加强对现有公益性科普项目组织实施，用好用足科普经费；推进博物馆科研成果科普化；实施国土资源重大科技成果科普转化实践；探索科普市场化运作，用好国家鼓励科普事业发展的优惠政策；学习借鉴科普展示的新理念、新技术，丰富科普活动内涵，打造公众喜闻乐见的科普作品。

3 弘扬地球科学文化，实现地学博物馆价值最大化

2010 年 9 月 20 日，习近平同志视察中国地质博物馆，对中国地质博物馆给予了高度评价，并对馆的建设和发展寄予厚望。

3.1 打造国家重点文化工程

中国地质博物馆新馆定位至关重要。定位决定地位，定位决定高度。以中国国家博物馆为代表，我国近年来陆续建成了一批规模宏伟、功能强大的博物馆，博物馆建设方兴未艾。因此，地质博物馆新馆建设必须和国家发展战略相结合，努力建设成为世界一流的综合性的现代化地学博物馆，以及综合性高层次爱国主义教育基地，形成"科普教育"、"典藏研究"、"学术交流"、"观众服务"和"文化产业"等五大核心功能区，成为国家重点科技文化工程，建设世界级地学科普文化基地和科学交流中心。

3.2 建设生态地质博物馆

展览内容是博物馆履行社会教育的灵魂。要努力克服关于对地质博物馆"外行看不懂，专家不愿看"的传统观点，要树立以地球系统科学理论为指导，以服务社会大众为己任，以促进建设生态文明为导向，以传播科学精神为使命的建馆理念。新馆设计既要继承发扬博物馆展示设计优良传统，又要积极吸收国际博物馆最新展示技术，打造我国最生动、立体的现场科普与社会教育环境，成为经得住科学和历史考验、优良传统和现代创新有机结合的典范。

具体而言，就是要围绕"地球·资源·地学"主题，既展示人类开发利用资源的经济社会发展，更注重宣传节约资源、保护环境的国情国策；既展示以典型地形、地貌、地质景观为代表的神州大地，又关注地震、火山、泥石流、海啸、地面沉降等防灾减灾科学普及和技能培训；既普及天体、地球、地质、岩石、生物进化等地学科普知识，又展示矿山－矿床－矿石－矿产品－制成品及其相关技术；既展示以地质大师和普通地质工作者为代表的地质人文精神，又展示以宝石、玉石、观赏石等为代表的大众地学文化。

3.3 提高核心竞争力

核心竞争力是一个组织能够长期获得竞争优势而且不能被其他社会组织替代和模仿的能力。具体到地质博物馆而言，主要是提高典藏能力，提高服务公众能力，提升展陈设计能力，提高国际影响力，努力走在博物馆建设的前面。

一是提高典藏能力。藏品典藏是博物馆立馆之本，既体现博物馆的核心实力，又是展示社会文明发展和经济实力的重要标志。

全球性的自然遗址保护和文化遗产热，使得人们更加充分认识到，博物馆正成为"一个在保护世界文化遗产和自然遗产方面令人尊重的声音"。纵观地质博物馆的近百年历程，地质博物馆能够历经沧桑而屹立不倒，可贵之处在于，无论如何颠沛流离，南迁北守，藏品始终保护完好。藏品在，博物馆既在。但是也要看到，地质博物馆藏品无论种类和数量，已经和国家馆的地位不相匹配。以矿物为例，目前全世界已发现且命名的矿物有3800多种，并且随着矿产的开采和研究的深入，矿物种类将会继续增加。据不完全统计，地质博物馆收藏仅有1200多种；从藏品的精品规格和数量来讲，很多省市、个人收藏的地学标本有后来居上之势。因此，提高地质博物馆藏品典藏能力，是提高地质博物馆核心竞争力的当务之急。

二是提高服务公众能力。博物馆价值的客体是社会大众。国际博物馆界二十年来形成了一个重要共识，博物馆不仅关心物，更要关心人，人的因素是衡量一个博物馆能否实现其终极目标最基本的标准。在当下，要千方百计扩大公众受益数量。首先要创新展示理念。必须要让观众愿意来，看得懂，有兴趣，有收获，做到"见物见人见精神"。二是在政策支持和工作方法上加以改进；三是要建立完善公众服务体系和功能，包括完善服务功能、开展网络服务、开发博物馆文化产品服务和建立志愿者队伍等多种手段。

三是提高展陈设计能力。要以地球系统科学指导博物馆的内容设计，注重科普的二次创作。目前，多数的地质博物馆在展示内容上，基本以传统地质学为大纲，不能反映现代地球科学的最新成果，这也是专业人士不愿看的一个重要原因。要解放思想，集思广益，广泛吸收国内外地学家、科普专家、展览艺术专家的智慧，不能关门造车，故步自封，与科学精神相背离。要防止博物馆走低俗化的路子，克服在博物馆建设中科技手段变成了娱乐观众的手段。不能过多渲染藏品的个体的观赏价值和市场价值。正如国际博协前主席高斯说："博物馆适当地增加一些辅助性的娱乐就是给科普包上一层糖衣，它本质上还是一种糖衣药丸。"

四是提高国际影响力。要解放思想、开拓创新，加强与国际各类博物馆的联系和沟通。要充分发挥国家级地质博物馆和相关博物馆专业委员会的协调作用，本着"请进来，走出去"的原则，与国际同类知名博物馆建立长效合作机制，开展国际间人才交流学习工作；要适时举办国际专业博物馆论坛，邀请国际知名专家举办讲座；要举办与国际专业博物馆的联展、巡展，促进国际交流，提高地质博物馆世界知名度和影响力，要在全球多元文化交融和资源角逐日趋激烈的大背景下，讲述中国故事，传递中国声音，表达中国理念。

参 考 文 献

[1] 胡适. 丁文江的传记 [M]. 合肥：安徽教育出版社，2006：1~85

[2] 程利伟. 中国地质博物馆史 [M]. 北京：地质出版社，2003：1~209

[3] 贾跃明. 走进地质博物馆 [M]. 北京：北京科学技术出版社，2010：1~236

[4] 苏东海. 博物馆的沉思 [M]. 北京：北京文物出版社，2010：1~575

[5] 安来顺. 二十世纪博物馆的回顾与展望 [J]. 中国博物馆，2001（1）：5~17

[6] 张尔平. 兵马司胡同9号 [J]. 建筑创作，2003（1）：116~121

[7] 李学通. 翁文灏年谱 [M]. 济南：山东教育出版社，2005：1~430

[8] 王琦，李严冬. 陈恩凤传 [M]. 北京：学苑出版社，2012